安徽省高水平高职教材

普通高等学校机械类精品教材

# UG NX 8.0中文版基础教程

## 第2版

主　编　慕　灿　张朝国

副主编　王晓明　李　梅

编写人员（以姓氏笔画为序）

王晓明　毛芳芳　李　梅

张朝国　周　仓　慕　灿

中国科学技术大学出版社

# 内 容 简 介

UG NX 是目前在我国各行业中应用较广泛的高端三维设计软件之一。本教材以 UG NX 8.0 为蓝本,介绍该软件常用模块的使用方法和应用技巧。全书共 6 章,主要内容包括 UG NX 8.0 的基础知识、草图设计、实体设计、曲面设计、装配设计和工程图设计等。书中所有实例均有详细的操作步骤,便于读者学习。

本书适合作为高职高专院校数控技术、机电一体化、机械制造及其自动化、模具设计与制造及计算机辅助设计与制造等专业的教材,也可作为机械设计与制造工程技术人员的自学用书。

**图书在版编目(CIP)数据**

UG NX 8.0 中文版基础教程/慕灿,张朝国主编. —2 版. —合肥:中国科学技术大学出版社,2021.1

ISBN 978-7-312-05031-2

Ⅰ.U… Ⅱ.①慕… ②张… Ⅲ.计算机辅助设计—应用软件—高等职业教育—教材 Ⅳ.TP391.72

中国版本图书馆 CIP 数据核字(2020)第 163397 号

**UG NX 8.0 中文版基础教程**

UG NX 8.0 ZHONGWEN BAN JICHU JIAOCHENG

| | |
|---|---|
| 出版 | 中国科学技术大学出版社 |
| | 安徽省合肥市金寨路 96 号,230026 |
| | http://press.ustc.edu.cn |
| | http://zgkxjsdxcbs.tmall.com |
| 印刷 | 合肥华苑印刷包装有限公司 |
| 发行 | 中国科学技术大学出版社 |
| 经销 | 全国新华书店 |
| 开本 | 787 mm×1092 mm　1/16 |
| 印张 | 19.5 |
| 字数 | 499 千 |
| 版次 | 2013 年 2 月第 1 版　2021 年 1 月第 2 版 |
| 印次 | 2021 年 1 月第 4 次印刷 |
| 定价 | 50.00 元 |

# 前　　言

UG NX 是 Siemens 公司推出的功能强大的 CAD/CAE/CAM 一体化软件。其内容涵盖了产品从概念设计、工业造型设计、三维模型设计、分析计算、模拟与仿真、工程图输出到生产加工的全过程，广泛应用于航天航空、汽车、家用电器、机械以及模具等领域。UG NX 8.0 版本在数字化模拟、知识捕捉、可用性和系统工程等方面进行了创新，对以前版本进行了数百项以客户为中心的改进。

本书编写成员既具有丰富的工程实践经验，又多年在一线从事高职教育教学工作，这一写作背景使本书形成了如下特色：

（1）内容全面。涵盖了机械产品设计中零件设计、装配和工程图制作的全过程，可满足高职高专学生就业岗位对相关职业能力的要求。

（2）理实结合。除了讲述必要的理论知识外，书中还选取了大量的工程实例。这些实例由易到难，从简单到复杂，从局部到整体，和所讲述的理论知识密切配合，符合学生的认知规律，有利于提升学生的应用技能。

（3）讲解详尽。本书在实例的讲解过程中，力求详尽、细致，每个步骤都有对应的图例加以说明。参照实例的具体步骤演练，读者可迅速掌握基本的操作要领。

全书共 6 章，主要内容包括 UG NX 8.0 的基础知识、草图设计、实体设计、曲面设计、装配设计和工程图设计等。书中所有实例均有详细的操作步骤，便于读者学习。

本书适合作为高职高专院校数控技术、机电一体化、机械制造及其自动化、模具设计与制造及计算机辅助设计与制造等专业的教材，也可作为机械设计与制造工程技术人员的自学用书。

本书各章推荐教学学时数安排如下：

| 章 | 课程内容 | 学时数 | | |
|---|---|---|---|---|
| | | 合计 | 讲授 | 实训 |
| 第 1 章 | UG NX 8.0 基础 | 4 | 2 | 2 |
| 第 2 章 | 草图设计 | 18 | 6 | 12 |
| 第 3 章 | 实体设计 | 18 | 6 | 12 |
| 第 4 章 | 曲面设计 | 14 | 6 | 8 |
| 第 5 章 | 装配设计 | 12 | 4 | 8 |
| 第 6 章 | 工程图设计 | 12 | 4 | 8 |
| | 机动 | 2 | 2 | |
| | 总计 | 80 | 30 | 50 |

　　本书由阜阳职业技术学院慕灿(编写第 5 章)和张朝国(编写第 6 章)担任主编,滁州职业技术学院王晓明(编写第 2 章)和阜阳职业技术学院李梅(编写第 1 章)担任副主编,参加编写的还有阜阳职业技术学院毛芳芳(编写第 3 章)和安徽华源锦辉制药公司周仓高级工程师(编写第 4 章),全书由慕灿统稿。

　　限于编者水平,书中存在错漏在所难免,恳请广大读者提出宝贵意见。

**编　者**

# 目　　录

# 第1章　UG NX 8.0基础

## 1.1　UG NX 8.0工作环境

### 1.1.1　启动 UG NX 8.0

启动 UG NX 8.0 中文版,常用的方法有以下两种:

(1) 双击桌面上 UG NX 8.0 的快捷方式图标,便可启动 UG NX 8.0 中文版。

(2) 选择"开始"|"所有程序"|"Siemens NX 8.0"|"NX 8.0"命令,即可启动 UG NX 8.0 中文版。

UG NX 8.0 中文版启动界面如图 1.1 所示。

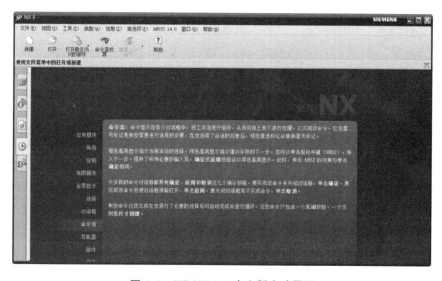

**图 1.1　UG NX 8.0** 中文版启动界面

### 1.1.2　操作界面

启动 UG NX 8.0 软件后,打开零件,即进入 UG NX 8.0 操作界面,如图 1.2 所示。

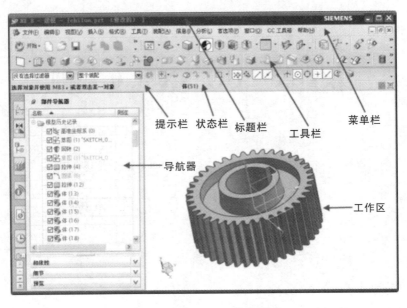

图 1.2　UG NX 8.0 操作界面

## 1.1.3　部件导航器

　　UG NX 8.0 提供了一个功能强大、使用方便的编辑工具——部件导航器,如图 1.3 所示。它通过一个独立的窗口,以一种树形格式(特征树)可视化地显示模型中特征与特征之间的关系,并可以对各种特征实施编辑操作,其操作结果可以通过图形窗口中模型的更新显示出来。

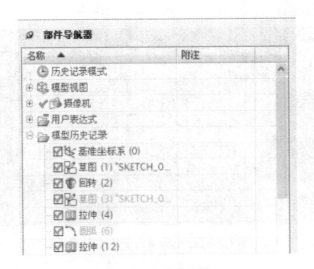

图 1.3　部件导航器

### 1. 特征树中图标的含义

（1）⊞、⊟分别代表以折叠或展开方式显示特征。

（2）☑表示在图形窗口中显示特征。

（3）□表示在图形窗口中隐藏特征。

（4）□、□等：在每个特征名前面，以彩色图标形象地表明特征所属的类别。

**2. 在特征树中选取特征**

（1）选择单个特征：在特征名上单击（指单击鼠标左键，后同）。

（2）选择多个特征：选取连续的多个特征时，单击选取第一个特征，在连续的最后一个特征上在按住 Shift 键的同时单击；或者选取第一个特征后，在按住 Shift 键的同时移动光标来选择连续的多个特征。选择非连续的多个特征时，单击选取第一个特征，再在按住 Ctrl 键的同时在要选择的特征名上依次单击。

（3）从选定的多个特征中排除特征：在按住 Ctrl 键的同时在要排除的特征名上依次单击。

**3. 编辑操作快捷菜单**

利用"部件导航器"编辑特征，可通过操作其快捷菜单来实现。例如右击（指单击鼠标右键，后同）要编辑的某特征名，将弹出快捷菜单。

# 1.2　UG NX 8.0 基本操作

## 1.2.1　文件管理

文件管理是 UG NX 8.0 中最为基本和常用的操作，在开始创建零部件模型前，都必须有文件存在。下面主要介绍文件管理的基本操作方法。

**1. 新建文件**

选择"文件"|"新建"命令，将弹出"新建"对话框，如图 1.4 所示。

**2. 打开已有文件**

可以通过以下两种方式打开文件：

（1）单击工具栏上的"打开"按钮。

（2）选择"文件"|"打开"命令。

执行以上任一操作后，都将弹出"打开"对话框，如图 1.5 所示。在该对话框文件列表框中选择需要打开的文件，此时"预览"窗口将显示所选模型。单击"OK"按钮即可打开选中的文件。

**3. 保存文件**

一般建模过程中，为避免意外事故发生造成文件的丢失，通常需要用户及时保存文件。UG NX 8.0 中常用的文件保存方式有 4 种：直接保存，仅保存工作部件，另存为，全部保存。

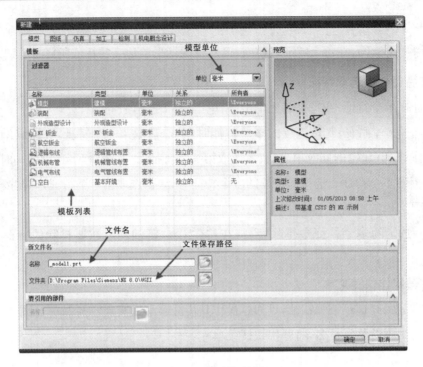

**图 1.4 "新建"对话框**

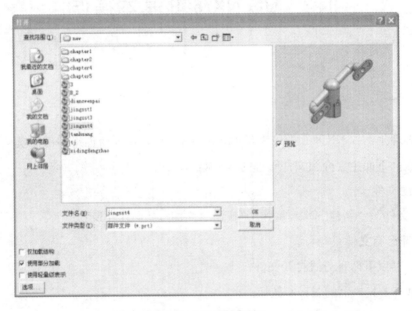

**图 1.5 "打开"对话框**

## 1.2.2　模型显示

用 UG NX 8.0 建模时,用户可以利用"视图"工具栏中的各项命令进行窗口显示方式的控制和操作,如图 1.6 所示。

图 1.6　"视图"工具栏

"视图"工具栏中各常用按钮的含义见表 1.1。

表 1.1　"视图"工具栏按钮的含义

| 按钮 | 含　义 |
|---|---|
| | 适合窗口：调整工作视图的中心和比例以在屏幕中显示所有对象 |
| | 缩放：通过单击并拖动来创建一个矩形边界，从而放大视图中的某一特定区域 |
| | 放大/缩小：通过单击并上下移动鼠标来放大/缩小视图 |
| | 平移：通过单击并拖动鼠标平移视图 |
| | 旋转：通过单击并拖动鼠标旋转视图 |
| | 透视：将工作视图从平行投影更改为透视投影 |
| | 带边着色：用光顺着色和边缘几何体渲染面 |
| | 着色：仅用光顺着色渲染面 |
| | 带有淡化边的线框：仅用边缘几何体显示对象，隐藏的边将变暗，并且当视图旋转时动态更新 |
| | 带有隐藏边的线框：仅用边缘几何体显示对象，隐藏不可见并在旋转视图时动态更新的边 |
| | 静态线框：仅用边缘几何体显示对象 |
| | 艺术外观：根据指定的材料、纹理和光源布局显示面 |
| | 面分析：显示选定面上的表面分析数据，其余的面仅由边缘几何体表示 |
| | 局部着色：选定曲面对象由小平面几何体表示，这些几何体通过光顺着色和打光渲染，其余的曲面对象由边缘几何体表示 |
| | 线框对照：调整线框模型中的颜色，以便与背景颜色形成最大对比 |
| | 视图方向：定位视图以便与选定视图方向对齐。选项有：正二测视图；俯视图；正等测视图；左视图；前视图；右视图；后视图；仰视图 |

| 按钮 | 含　义 |
| --- | --- |
| ▢ | 背景色:将背景更改为预设颜色显示 |
| 🔲 | 剪切工作截面:启用视图剖切 |
| 🔳 | 编辑工作截面:编辑工作视图截面或者在没有截面的情况下创建新的截面 |

## 1.2.3　鼠标和键盘的使用

在 UG NX 8.0 中,使用鼠标或使用鼠标按键与键盘按键组合可完成很多任务,见表1.2。

表 1.2　鼠标、鼠标与键盘组合功能

| 序号 | 操作 | 执行任务 |
| --- | --- | --- |
| 1 | 🖱 单击命令或选项 | 通过对话框中的菜单或选项选择命令 |
| 2 | 🖱 单击对象 | 在图形窗口中选择对象 |
| 3 | 🖱 按住 Shift 键并单击项 | 在列表框中选择连续的多项 |
| 4 | 🖱 按住 Ctrl 键并单击项 | 选择或取消选择列表框中的非连续项 |
| 5 | 🖱 双击对象 | 对某个对象启动默认操作 |
| 6 | 🖱 单击鼠标中键 | 循环完成某个命令中的所有必需步骤,然后单击"确定"或"应用"按钮 |
| 7 | 🖱 按住 Alt 键并单击鼠标中键 | 取消对话框 |
| 8 | 🖱 右键单击对象 | 显示特定于对象的快捷菜单 |
| 9 | 🖱 右键单击图形窗口的背景,或按住 Ctrl 键并右键单击图形窗口的任意位置 | 显示视图弹出菜单 |

# 1.3　工作环境设定

## 1.3.1　背景颜色设定

(1) 选择"首选项"|"背景"命令,弹出"编辑背景"对话框,如图 1.7 所示。

(2) 此时处于实体建模工作状态,在"着色视图"选项下,选中"渐变"单选按钮,分别单击"俯视图""仰视图"对应的颜色框,弹出"颜色"对话框,如图 1.8 所示,单击拟更改的颜色,单击"确定"按钮,完成修改,背景色变为设定的颜色。

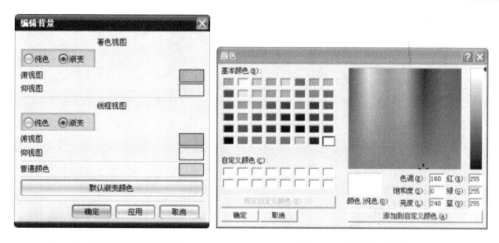

图 1.7　"编辑背景"对话框　　　　图 1.8　"颜色"对话框

## 1.3.2　可视化部件颜色设定

（1）选择"首选项"｜"可视化"命令，弹出"可视化首选项"对话框，打开"颜色/线型"选项卡，如图 1.9 所示。

（2）分别单击"预选""选择""隐藏几何体""注意"对应的颜色框，弹出"颜色"对话框，单击拟更改的颜色，两次单击"确定"按钮完成修改。

（3）将鼠标移进模型，模型上光标所指之处变成设定的"预选"颜色。单击实体上任意一个几何要素，该要素由"预选"的颜色变成"选择"的颜色。

## 1.3.3　工作对象颜色设定

选择要设定颜色的对象，选择"编辑"｜"对象显示"命令，弹出"编辑对象显示"对话框，打开"常规"选项卡，如图 1.10 所示。单击拟更改的颜色，单击两次"确定"按钮完成修改。

## 1.3.4　工具条设置方法

（1）选择"工具"｜"定制"命令，弹出"定制"对话框，打开"工具条"选项卡，如图 1.11 所示。选择所需的工具条，并在该工具条名称前面的方框中打"√"，该工具条即出现在屏幕上。

（2）打开"命令"选项卡，在"类别"选项区中选择相应的项目，右边的"命令"选项区将变为对应的工具条选项。将"命令"选项区中所需的命令按钮拖放至工具条或菜单中后释放鼠标左键，即可添加该命令按钮，如图 1.12 所示。

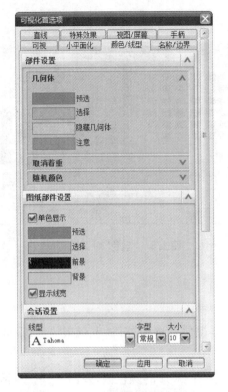

图 1.9　"可视化首选项"对话框

图 1.10　"常规"选项卡

图 1.11　"工具条"选项卡

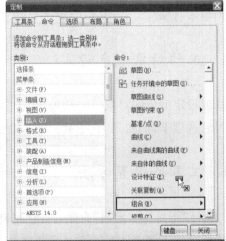

图 1.12　工具条定制方法

（3）打开"选项"选项卡，在对话框的上半部分可以设定菜单的显示方式及提示功能，在对话框的下半部分可以设置工具条和菜单图标的大小，如图 1.13 所示。

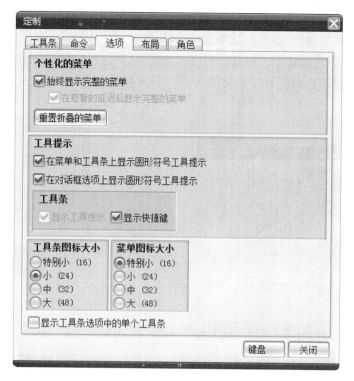

**图 1.13　个性化设置菜单和工具条**

## 1.3.5　图层操作

### 1. 图层概述

图层用于存储文件中的对象,其工作方式类似于容器,可通过结构化且一致的方式来收集对象。与"显示"和"隐藏"等简单可视工具不同,图层提供一种更为永久的方式来对文件中对象的可见性和可选择性进行组织和管理。

UG NX 8.0 系统中最多可以设置 256 个图层,其中第 1 层为默认工作层,每个层上可以放置任意数量的模型对象。在每个组件的所有图层中,只能设置一个图层为工作图层,所有的工作只能在工作图层上进行。其他图层可以对其状态进行以下设置来辅助建模工作:

(1) 设为可选:该层上的几何对象和视图是可选择的(必可见的)。

(2) 设为工作图层:是对象被创建的层,该层上的几何对象和视图是可见的和可选的。

(3) 设为仅可见:该层上的几何对象和视图是只可见的,不可选择。

(4) 设为不可见:该层上的几何对象和视图是不可见的(必不可选择的)。

### 2. 图层设置

该命令的作用是在创建模型前,根据实际需要、用户使用习惯和创建对象类型的不同对图层进行设置。

选择"格式"│"图层设置"命令,弹出"图层设置"对话框,如图 1.14 所示。利用该对话框,可以对部件中所有图层或任意一个图层进行"设为可选""设为工作图层""设为仅可见"等设置,还可以进行图层信息查询,也可以对图层所属的种类进行编辑操作。

（1）设置工作层。在"图层设置"对话框的"工作图层"文本框中输入层号（1～256）后按回车键，则该层变成工作层，原工作层变成可选层。

（2）设置图层的其他状态。在"图层设置"对话框的"图层"列表框中选择欲设置状态的层，这时"图层控制"下边的所有按钮被激活，单击相应的按钮可设置为该状态，每个层只能有一种状态。

图 1.14 "图层设置"对话框

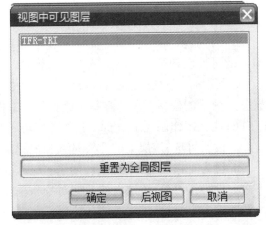

图 1.15 "视图中可见图层"对话框

### 3. 图层在视图中的可见性

选择"格式"｜"视图中可见图层"命令，弹出如图 1.15 所示的"视图中可见图层"对话框。单击"确定"按钮，则弹出如图 1.16 所示的"视图中可见图层"对话框，在该对话框中可以设置图层可见或不可见。

**4. 图层类别**

选择"格式"|"图层类别"命令,弹出"图层类别"对话框,如图 1.17 所示。对话框中各选项含义见表 1.3。

图 1.16 "视图中可见图层"对话框

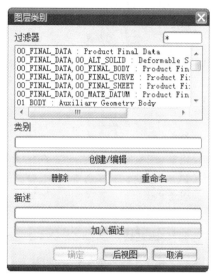

图 1.17 "图层类别"对话框

表 1.3 "图层类别"对话框中各选项的含义

| 选 项 | 含 义 |
|---|---|
| 图层列表 | 显示满足过滤条件的所有图层条目 |
| 过滤器 | 控制图层列表中显示的图层条目,可使用通配符 |
| 类别 | 在"类别"文本框中可输入要建立的图层类名 |
| 创建/编辑 | 建立或编辑图层类。主要是建立新的图层类,并设置该图层类所包含的图层和编辑该图层 |
| 删除 | 删除选定的图层类 |
| 重命名 | 改变选定的一个图层类的名称 |
| 描述 | 显示图层类描述信息或输入图层类的描述信息 |
| 加入描述 | 如要在"描述"文本框中输入信息,须单击"加入描述"按钮,这样才能使描述信息生效 |

**5. 移动至图层**

该命令是指将选定的对象从一个图层移动到指定的另一个图层,原图层中不再包含选定的对象。

选择"格式"|"移动至图层"命令,打开"类选择"对话框,如图 1.18 所示。选取需移动图层的对象,弹出"图层移动"对话框,如图 1.19 所示。在"目标图层或类别"文本框中输入目标图层名称,单击"确定"按钮即可完成操作。

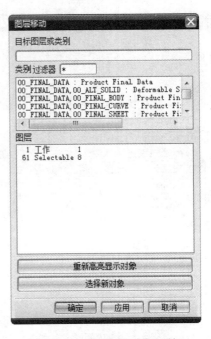

图 1.18  "类选择"对话框        图 1.19  "图层移动"对话框

**6. 复制至图层**

该命令是指将选取的对象从一个图层复制到指定的另一个图层。其操作方法与"移动至图层"类似,两者的不同点在于执行"复制至图层"操作后,选取的对象同时存在于原图层和指定的图层中。

# 1.4   UG NX 8.0 常用工具

## 1.4.1   点构造器

该工具用于根据需要捕捉已有的点或创建新点。在 UG NX 8.0 的功能操作中,许多功能都需要利用"点"对话框来定义点的位置。

单击"特征"工具栏中的按钮 + 或者选择"插入"|"基准/点"|"点"命令,弹出"点"对话框,如图 1.20 所示。对话框中各选项含义说明见表 1.4。在不同的情况下,"点"对话框的形式和所包含的内容可能会有所差别。

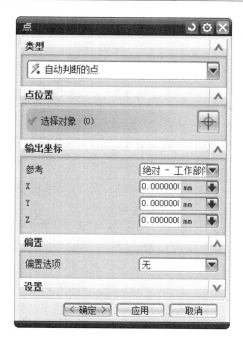

**图 1.20　"点"对话框**

**表 1.4　"点"对话框各选项含义**

| | 选　项 | 含　义 |
|---|---|---|
| 类型 | 自动判断的点 | 使用单个选择来指定点,所以自动判断的选项被局限于光标位置、现有点、终点、控制点及圆弧中心/椭圆中心/球心 |
| | 光标位置 | 在光标的位置指定一个位置,位于 WCS(工作坐标系)的平面中。可使用网格快速准确地定位点 |
| | 现有点 | 通过选择一个现有点对象来指定一个位置 |
| | 终点 | 在现有的直线、圆弧、二次曲线及其他曲线的端点指定一个位置 |
| | 控制点 | 在几何对象的控制点指定一个位置 |
| | 交点 | 在两条曲线的交点或一条曲线和一个曲面或平面的交点处指定一个位置 |
| | 圆弧中心/椭圆中心/球心 | 在圆弧、椭圆、圆或球的中心指定一个位置 |
| | 圆弧/椭圆上的角度 | 在沿着圆弧或椭圆与 XC 轴成一角度的位置指定一个位置,在 WCS 中按逆时针方向测量角度 |
| | 象限点 | 在一个圆弧或一个椭圆的四分点处指定一个位置。还可以在一个圆弧未构建的部分(或外延)定义一个点 |
| | 点在曲线/边上 | 在曲线或边上指定一个位置 |
| | 点在面上 | 指定面上的一个点 |
| | 两点之间 | 在两点之间指定一个位置 |
| | 按表达式 | 使用点类型的表达式指定点 |

| 选　项 | | 含　义 |
| --- | --- | --- |
| 点位置 | ✛ 选择对象 | 用于选择点 |
| 参考 | 绝对.工作部件 | 定义相对于工作部件的绝对坐标系的点 |
| | 绝对.显示部件 | 定义相对于显示部件的绝对坐标系的点 |
| | WCS | 定义相对于工作坐标系的点 |
| 偏置选项 | 无 | 不将偏置应用于当前点位置 |
| | 直角坐标系 | 用于从参考点的方向键入值，为绝对坐标系键入 X、Y 和 Z 并为 WCS 键入 XC、YC 和 ZC，从而偏置一个点 |
| | 圆柱坐标系 | 用于通过指定柱坐标来偏置一个点：半径、角度以及沿 Z 轴（—ZC 增量）的距离。半径和角度总是在 XC—YC 平面上 |
| | 球坐标系 | 用于通过指定球坐标来偏置一个点：两个角度和一个半径 |
| | 沿矢量 | 用于通过指定方向和距离来偏置一个点 |
| | 沿曲线 | 用于按指定的弧长距离或曲线路径长度的百分比沿曲线偏置一个点 |

## 1.4.2　基准轴

在 UG NX 8.0 中建模时，经常用到基准轴来构造矢量方向，例如创建实体时的生成方向、投影方向、特征生成方向等。在此，有必要对矢量构造器进行介绍。

矢量构造功能通常是其他功能中的一个子功能，系统会自动判定得到矢量方向。如果需要以其他方向作为矢量方向，单击"方向"下三角按钮，弹出"矢量"对话框，如图 1.21 所示，该对话框列出了可以建立的矢量方向的各项选择。

**图 1.21　"矢量"对话框**

对话框中矢量的类型说明见表 1.5。

表 1.5　矢量类型

| 选　项 | 含　义 |
|---|---|
| 自动判断的矢量 | 根据选择的对象自动判断定义矢量 |
| 两点 | 在任意两点之间指定一个矢量 |
| 与 XC 成一角度 | 在 XC−YC 平面中，与 XC 轴成指定角度处指定一个矢量 |
| 曲线/轴矢量 | 在曲线、边缘或圆弧起始处指定一个与该曲线或边缘相切的矢量。如果是完整的圆，将在圆心并垂直于圆面的位置处定义矢量。如果是圆弧，将在垂直于圆弧面并通过圆弧中心的位置处定义矢量 |
| 在曲线矢量上 | 在曲线上的任意点指定一个与曲线相切的矢量。可按照圆弧长或圆弧百分比指定位置 |
| 面/平面法向 | 指定与基准面或平面的法向平行或与圆柱面的轴平行的矢量 |
| XC 轴 | 指定一个与现有 CSYS 的 XC 轴或 X 轴平行的矢量 |
| YC 轴 | 指定一个与现有 CSYS 的 YC 轴或 Y 轴平行的矢量 |
| ZC 轴 | 指定一个与现有 CSYS 的 ZC 轴或 Z 轴平行的矢量 |
| −XC 轴 | 指定一个与现有 CSYS 的 −XC 轴或 −X 轴平行的矢量 |
| −YC 轴 | 指定一个与现有 CSYS 的 −YC 轴或 −Y 轴平行的矢量 |
| −ZC 轴 | 指定一个与现有 CSYS 的 −ZC 轴或 −Z 轴平行的矢量 |
| 视图方向 | 指定与当前工作视图平行的矢量 |
| 按系数 | 按系数指定一个矢量 |
| 按表达式 | 使用矢量类型的表达式来指定矢量 |

## 1.4.3　基准平面

该命令可创建平面参考特征，以辅助定义其他特征，如与目标实体的面成角度的扫掠体及特征。

在菜单栏中选择"插入"｜"基准/点"｜"基准平面"命令，或单击"特征"工具条中的"基准平面"按钮，弹出"基准平面"对话框，如图 1.22 所示。

对话框中基准平面的类型说明见表 1.6，系统提供了 15 种基准平面的创建方法。

此外，在创建基准平面时，如同时有多种结果可供选择，则"平面方位"面板中的"备选解"按钮可用，单击此按钮可以在多个创建结果之间进行切换。单击"反向"按钮，可以改变创建基准平面的法线方向。

## 1.4.4　坐标系

UG NX 8.0 系统提供了两种常用的坐标系，分别为绝对坐标系(ACS)和工作坐标系(WCS)。二者都遵守右手定则，其中绝对坐标系是系统默认的坐标系，其原点位置是固定不变的,即无法进行变化。而工作坐标系是系统提供给用户的坐标系,在实际建模过程中可以根据需要进行创建、移动和旋转变化,同时还可以对坐标系本身进行保存、显示或隐藏等操作,下面将介绍工作坐标系的构造和变化等操作方法。

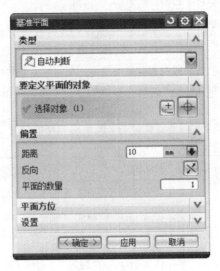

**图 1.22　"基准平面"对话框**

**表 1.6　基准平面类型**

| 选　项 | 含　义 |
|---|---|
| 自动判断 | 根据所选的对象确定要使用的最佳基准平面类型 |
| 按某一距离 | 创建与一个平面或其他基准平面平行且相距指定距离的基准平面 |
| 成一角度 | 按照与选定平面对象成特定角度创建平面 |
| 二等分 | 在两个选定平面的中间位置创建平面。如两个输入平面夹一角度,以平分角度创建平面 |
| 曲线和点 | 使用点、直线、平面的边、基准轴或平面的各种组合来创建平面(例如,三个点、一个点和一条曲线等) |
| 两直线 | 使用任意两条线性曲线、线性边或基准轴的组合来创建平面 |
| 相切 | 创建与一个非平的曲面相切的基准平面(相对于第二个所选对象) |
| 通过对象 | 在所选对象的曲面法向上创建基准平面 |
| 点和方向 | 根据一点和指定方向创建平面 |
| 曲线上 | 在曲线或边上的指定位置处创建平面 |
| YC－ZC 平面<br>XC－ZC 平面<br>XC－YC 平面 | 沿工作坐标系(WCS)或绝对坐标系(ACS)的 XC－YC、XC－ZC 或 YC－ZC 轴创建固定的基准平面 |
| 视图平面 | 创建平行于视图平面并穿过 WCS 原点的固定基准平面 |
| 按系数 | 使用含 A、B、C、D 系数的方程($Ax+By+Cz=D$)在 WCS 或绝对坐标系上创建固定的非关联基准平面 |

**1. 创建坐标系**

创建坐标系是指根据需要在视图区创建或平移坐标系,同点和矢量的构造类似。在菜单栏中选择"格式"｜"WCS"｜"定向"命令,弹出"CSYS"对话框,如图 1.23 所示。

**图 1.23　"CSYS"对话框**

通过该对话框新建坐标系的方法如表 1.7 所示。

**表 1.7　创建坐标系的方法**

| 选　　项 | 含　　义 |
|---|---|
| 动态 | 手动移动 CSYS 到任何想要的位置,或创建一个关联、相对于选定 CSYS 动态偏置的 CSYS |
| 自动判断 | 定义一个与选定几何体相关的 CSYS 或通过 X、Y、Z 分量的增量来定义 CSYS |
| 原点、X 点、Y 点 | 根据选定或定义的 3 个点定义 CSYS。要指定所有 3 个点,可使用"点构造器"。X 轴是从第一点到第二点的矢量,Y 轴是从第一点到第三点的矢量,原点是第一点 |
| X 轴、Y 轴 | 根据选定或定义的两个矢量定义 CSYS,X 轴和 Y 轴是矢量,原点是矢量交点 |
| X 轴、Y 轴、原点 | 根据选定或定义的一点和两个矢量定义 CSYS。X 轴和 Y 轴都是矢量,原点为一点 |
| Z 轴、X 轴、原点 | 根据选定或定义的一点和两个矢量定义 CSYS。Z 轴和 X 轴是矢量,原点为一点 |
| Z 轴、Y 轴、原点 | 根据选定或定义的一点和两个矢量定义 CSYS。Z 轴和 Y 轴是矢量,原点为一点 |
| Z 轴、X 点 | 根据定义的一个点和一条 Z 轴定义 CSYS。X 轴是从 Z 轴矢量到点的矢量,Y 轴是从 X 轴和 Z 轴计算得出的,原点是这 3 个矢量的交点 |

| 选　项 | 含　义 |
|---|---|
| 对象的 CSYS | 从选定的曲线、平面或制图对象的 CSYS 定义相关的 CSYS |
| 点,垂直于曲线 | 利用所选曲线的切线和一个点来创建一个 CSYS。原点为切点,曲线切线的方向即为 Z 轴矢量,X 轴正向为沿点到切线的垂线指向定义点的方向,Y 轴正向由从 Z 轴至 X 轴按右手法则确定 |
| 平面和矢量 | 根据选定或定义的平面和矢量定义 CSYS。X 轴方向为平面法向,Y 轴方向为矢量在平面上的投影方向,原点为平面和矢量的交点 |
| 平面,X 轴,点 | 基于为 Z 轴选定的平面对象定义 CSYS |
| 3 个平面 | 根据 3 个选定的平面定义 CSYS。X 轴是第一个“基准平面/平面”的法线,Y 轴是第二个“基准平面/面”的法线,原点是这 3 个平面的交点 |
| 绝对 CSYS | 指定模型空间坐标系作为坐标系。X 轴和 Y 轴是“绝对 CSYS”的 X 轴和 Y 轴,原点为“绝对 CSYS”的原点 |
| 当前视图的 CSYS | 将当前视图的坐标系设置为坐标系。X 轴平行于视图底部,Y 轴平行于视图的侧面,原点为视图的原点(图形屏幕中间) |
| 偏置 CSYS | 根据指定的来自选定坐标系的 X、Y、Z 的增量定义 CSYS。X 轴和 Y 轴为现有 CSYS 的 X 轴和 Y 轴,原点为指定的点 |

#### 2. 坐标系的变换

在 UG NX 8.0 建模过程中,有时为了方便模型各部位的创建,需要改变坐标系原点位置和坐标系的旋转方向,即对工作坐标系进行变换。下面介绍坐标系的变换操作方法。

(1) 改变工作坐标系原点

选择“格式”|“WCS”|“原点”命令,弹出“点构造器”对话框,提示用户构造一个点。指定一点后,当前工作坐标系的原点就移到指定点的位置。

(2) 动态改变坐标系

选择“格式”|“WCS”|“动态”命令,显示当前工作坐标系如图 1.24 所示。共有 3 种动态改变坐标系的标志,即原点、移动手柄和旋转手柄,对应地有 3 种动态改变坐标系的方法:

① 用鼠标选取原点并移动,其方法如同改变坐标系原点。

② 用鼠标选取移动手柄,例如 ZC 轴上的手柄,则显示如图 1.25 所示文本框。这时既可以在“距离”文本框中通过直接输入数值来改变坐标系,也可以通过按住鼠标左键沿坐标轴拖动坐标系来改变。在拖动坐标系过程中,为便于精确定位,可以设置捕捉单位如 10.0,则每隔 10.0 个单位距离,系统自动捕捉一次。

③ 用鼠标选取旋转手柄,例如 XC—YC 平面内的手柄,则显示如图 1.26 所示的文本框。这时既可以在“角度”文本框中通过直接输入数值来改变坐标系,也可以通过按住鼠标左键在屏幕上旋转坐标系来改变。在旋转坐标系过程中,为便于精确定位,可以设置捕捉单位如 45.0,这样每隔 45.0 个单位角度,系统将自动捕捉一次。

（3）旋转工作坐标系

选择"格式"｜"WCS"｜"旋转"命令，弹出"旋转 WCS 绕…"对话框，如图 1.27 所示。选择任意一个旋转轴，在"角度"文本框中输入旋转角度值，单击"确定"按钮，即可实现工作坐标系的旋转。旋转轴是 3 个坐标轴的正、负方向，旋转方向的正向由右手螺旋法则确定。

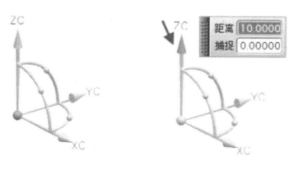

图 1.24　工作坐标系临时状态　　图 1.25　移动文本框　　图 1.26　旋转文本框

（4）更改 XC 方向

选择"格式"｜"WCS"｜"更改 XC 方向"命令，弹出"点"对话框，如图 1.28 所示。此时用户指定一点（不得为 ZC 轴上的点），则原点与指定点在 XC－YC 平面的投影点的连线为新的 XC 轴。

（5）更改 YC 方向

选择"格式"｜"WCS"｜"更改 YC 方向"命令，弹出"点"对话框，用户指定一点（不得为 ZC 轴上的点）后，则原点与指定点在 XC－YC 平面的投影点的连线为新的 YC 轴。

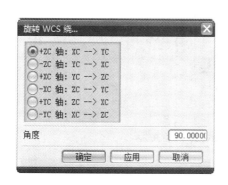

图 1.27　"旋转 WCS 绕…"对话框

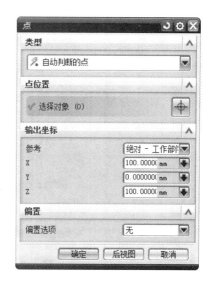

图 1.28　"点"对话框

### 3. 坐标系的保存

对经过移动或旋转等变换后创建的坐标系一般需要及时保存，以便于区分原有的坐标

系,同时便于在后续建模过程中根据用户需要随时调用。选择"格式"|"WCS"|"保存"命令,系统将保存当前的工作坐标系。

**4. 坐标系的显示和隐藏**

该选项用于显示或隐藏当前的工作坐标系。执行该命令后,当前的工作坐标系的显示或隐藏,取决于执行该命令前工作坐标系的状态。如果当前工作坐标系处于显示状态,则执行该命令后,将隐藏当前工作坐标系;如果当前工作坐标系处于隐藏状态,则执行该命令后,将显示当前工作坐标系。

## 1.4.5　类选择器

在建模过程中,经常需要选择对象,用鼠标直接操作有时很不方便,特别是在复杂的建模中。因此,有必要在系统中设置过滤功能。UG NX 8.0提供了类选择器,可以从多选项中筛选出所需的特征。类选择器不是单独使用的,而是在相关操作中需要选择对象的时候才会出现。

选择"信息"|"对象"命令,弹出"类选择"对话框,如图1.29所示。

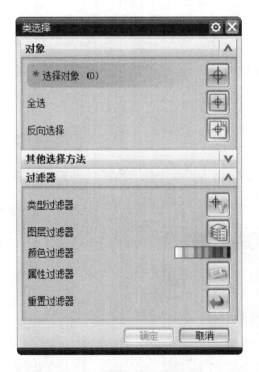

**图1.29　"类选择"对话框**

"类选择"对话框中各选项含义说明如表1.8所示。

表 1.8　"类选择"对话框各选项含义

| 选 | 项 | 含 义 |
|---|---|---|
| 对象 | 选择对象 | 使用当前过滤器、鼠标及选择规则来选择对象 |
| | 全选 | 根据对象过滤器设置,在工作视图中选择所有可见对象 |
| | 反向选择 | 取消选择所有选定对象,并选择之前未被选中的对象 |
| 其他选择方法 | 按名称选择 | 根据指定的对象名称,选择单个对象或一系列对象 |
| | 选择链 | 选择连接的对象、线框几何体或实体边缘 |
| | 向上一级 | 将选定组件或组在层次结构中上移一级 |
| 过滤器 | 类型过滤器 | 通过指定对象的类型,限制对象的选择范围。单击"类型过滤器"按钮,弹出"根据类型选择"对话框,如图 1.30 所示。利用该对话框可以对曲线、平面、实体等类型进行限制 |
| | 图层过滤器 | 通过指定图层来限制选择对象。单击"图层过滤器"按钮,弹出"根据图层选择"对话框,如图 1.31 所示。利用该对话框可以在选择对象的时候设置包括或者排除的层 |
| | 颜色过滤器 | 通过设定颜色来限制对象的选取。单击"颜色过滤器"按钮,弹出"颜色"对话框,如图 1.32 所示。利用该对话框可以在选择对象时只选中颜色相同的对象 |
| | 属性过滤器 | 通过设定属性来限制对象的选取。单击"属性过滤器"按钮,弹出"按属性选择"对话框,如图 1.33 所示。利用该对话框可以在选择对象时只选中具有相应属性的对象 |
| | 重置过滤器 | 将所有过滤器重置为原始状态 |

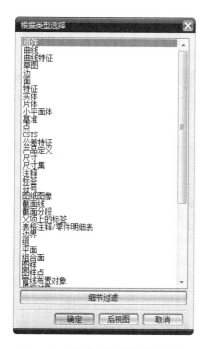

图 1.30　"根据类型选择"对话框

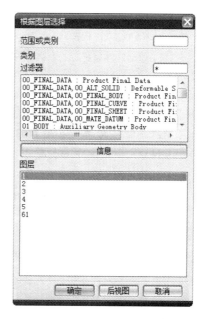

图 1.31　"根据图层选择"对话框

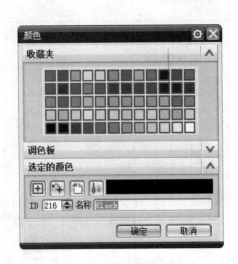

图 1.32　"颜色"对话框

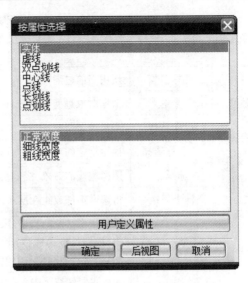

图 1.33　"按属性选择"对话框

# 1.5　小　　结

本章介绍了 UG NX 8.0 入门的一些基础知识和一些基本操作,包括 UG NX 8.0 的工作环境、基本操作和工作环境的设定,同时也对点构造器、基准轴、基准平面、坐标系、类选择器等常用工具做了介绍。在后面的章节中会经常用到本章所讲述的内容,熟练掌握本章介绍的这些基本操作,能在很大程度上提高后续建模工作的效率和质量,因此读者在学习本章内容时需重点掌握。

# 习　　题

1. 如何在 UG NX 8.0 系统中设置背景颜色?

2. 如何使用三键鼠标快速移动和缩放模型?

3. 在 UG NX 8.0 系统中如何定制工具条?

4. 简述 UG NX 8.0 与 AutoCAD 中图层作用的异同点。

5. 简述 UG NX 8.0 的类选择器在设计中的作用。

# 第2章 草图设计

草图是指在某个指定平面上的点、线(直线或曲线)等二维几何元素的总称。在三维实体建模过程中,通常会通过先绘制二维草图轮廓,再通过对二维草图轮廓进行拉伸、旋转、扫掠等操作来生成实体模型。本章主要对草图的基本功能、草图绘制的基本流程、草图约束和草图编辑等进行介绍,最后通过实例加深读者对草图的理解。其中,草图首选项设置、草图曲线绘制、草图编辑功能和草图约束功能为本章重点,应着重学习掌握。

草图是组成一个二维成形特征轮廓曲线的集合,是参数化的,可用于对平面图形进行尺寸驱动,并用于定义特征的截面形状、尺寸和位置,而由一般平面曲线所绘制的平面图形则不能实现尺寸驱动功能。在 UG NX 8.0 的草图模块中,可以通过尺寸和几何约束来建立设计意图及提供参数驱动的能力,生成的草图可以用于进行拉伸、旋转和扫掠等。

从设计意图方面考虑,使用草图特征主要包括两个方面:当明确知道一个设计意图时,从设计方面考虑在实际部件上的几何需求,包括决定部件细节配置的工程和设计规则;潜在地改变区域,即有一个需求迭代,可以通过许多变动解决方案去验证某一设计意图。

在以下几种场合经常会使用到草图特征:

(1) 如果实体模型的形状本身适合通过拉伸或旋转等操作完成时,草图可以用作一个模型的基础特征。

(2) 使用草图用作扫描特征的引导路径或用作自由形状特征的生成母线。

(3) 当用户需要通过参数化控制曲线时。

(4) 从部件到部件尺寸的改变,且改变前后具有一共同的形状时,草图可考虑作为一个定义特征的一部分。

## 2.1 草图首选项

点击主界面上的"首选项"菜单,出现下拉菜单,再点击下拉菜单中的 草图(S)...,出现"草图首选项"界面如图 2.1 所示。

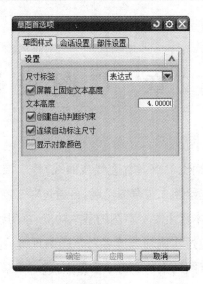

**图 2.1　"草图首选项"界面**

## 2.1.1　草图样式设置

**1. 尺寸标签**

尺寸标签有三种样式：表达式、名称和值。采用不同的样式时，草图中的尺寸显示不同，如图 2.2、图 2.3、图 2.4 所示。

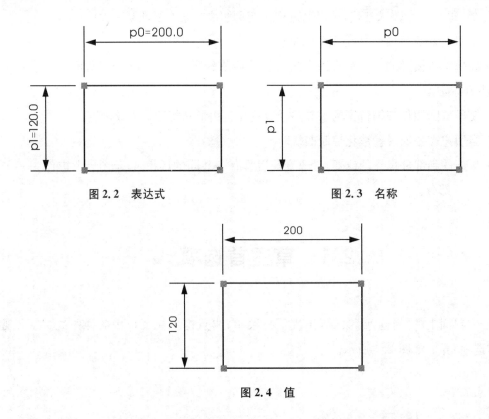

图 2.2　表达式　　　　　　　　　　　图 2.3　名称

图 2.4　值

**2. 文本高度**

将"屏幕上固定文本高度"选项前的方框打"√"，UG NX 8.0 默认文本高度为 4.0，用户可根据实际需要调整其大小。

**3. 创建自动判断约束、连续自动标注尺寸和显示对象颜色**

将"创建自动判断约束""连续自动标注尺寸""显示对象颜色"三个选项前的方框打"√"，分别表示对创建的所有新草图启用"创建自动判断约束"选项、启用曲线构造过程中的自动标注尺寸功能及使用"对象显示颜色"显示草图曲线和尺寸。

创建自动判断约束、连续自动标注尺寸也可在草图工具条上选择。

**4. 草图样式修改**

要修改现有草图的样式，无法直接在首选项中完成，必须按下述步骤进行：依次点击菜单"任务"|"草图样式"，出现如图 2.5 所示的"草图样式"对话框，用户在该对话框中修改即可。

**图 2.5 "草图样式"对话框**

## 2.1.2 会话设置

会话设置中主要有捕捉角、自由度箭头、名称前缀等。会话设置如图 2.6 所示。

**图 2.6　会话设置**

## 2.1.3　部件设置

部件设置中主要设置颜色显示，一般采用系统默认颜色，不做修改为好，如图 2.7 所示。

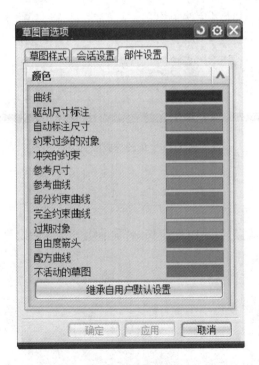

**图 2.7　部件设置**

# 2.2　草图曲线绘制

在草图工具条中，提供了多种曲线绘制功能，如图 2.8 所示。

图 2.8　草图工具条

## 2.2.1　绘制轮廓

绘制轮廓是指可以使用直线和圆弧进行曲线的连续绘制。当需要绘制的草图对象是直线与圆弧首尾相接时，可以利用该工具快速绘制。单击"轮廓"按钮 ，打开"轮廓"对话框，在绘图区中将显示光标的位置信息，在绘图区内绘制需要的草图，效果如图 2.9 所示。

**提示**　利用轮廓绘制草图，当由直线转为圆弧时，只需要按住鼠标左键依照圆弧方向拖动鼠标即可，而不必在直线和圆弧命令之间进行切换。

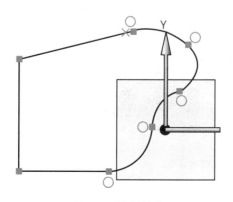

图 2.9　绘制轮廓

## 2.2.2　绘制直线

绘制直线图标为 ，该功能用于在视图区域通过指定两点来绘制直线，每绘制一条直线必须指定两个端点，如图 2.10 所示。

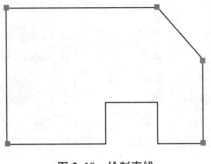

**图 2.10　绘制直线**

## 2.2.3　绘制圆弧

点击绘制圆弧图标 ，出现如图 2.11 所示圆弧工具条。

**图 2.11　圆弧工具条**

**1. 圆弧方法**

圆弧绘制方法有两种：三点定圆弧、圆心和两端点定圆弧，分别如图 2.12、图 2.13 所示。

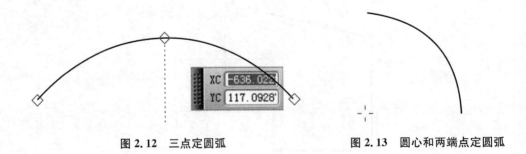

**图 2.12　三点定圆弧**　　　　　　　　　　　**图 2.13　圆心和两端点定圆弧**

**2. 输入模式**

输入模式有两种:坐标模式 **XY** 和参数模式 。

**XY** 坐标模式:选择后在视图区域出现文本框 ,分别在文本框中输入对应的 XC 和 YC 坐标值即可开始绘制草图。

参数模式:选择后在视图区域出现文本框 ,分别在文本框中输入半径和扫掠角度,即可开始绘制草图。

## 2.2.4　绘 制 圆

绘制圆按钮 用于绘制整圆,绘制方法有两种:

(1)圆心和直径定圆 :先确定圆心,再确定直径,如图 2.14 所示。

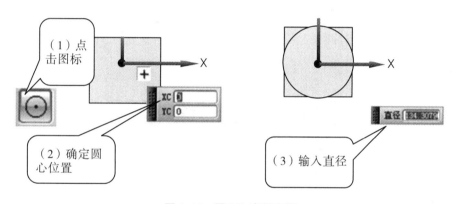

**图 2.14　圆心和直径定圆**

(2)三点定圆 :依次确定三个点或者确定两个点和直径。输入模式同圆弧绘制。

## 2.2.5　绘 制 圆 角

绘制圆角功能 可以在两条直线、圆弧、曲线之间绘制圆角。绘制时依次选择要倒圆角的两条线,再确定半径,如图 2.15 所示。

　　（a）直线与直线　　　　　　（b）直线与圆弧　　　　　　（c）圆弧与圆弧

**图 2.15　绘制圆角**

倒圆角方法有两种:修剪 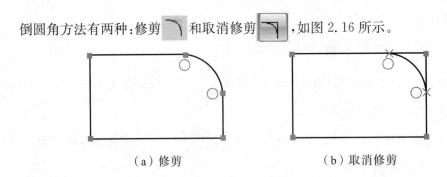 和取消修剪 ,如图 2.16 所示。

（a）修剪　　　　　　　　　　　　　（b）取消修剪

**图 2.16　倒圆角方法**

**提示**　用于倒圆角方法的选项设置,包括删除第三条曲线 和创建备选圆角 两种方式,分别表示删除和该圆角相切的第三条曲线、对倒圆角存在的多种状态进行变换。

## 2.2.6　倒斜角

倒斜角功能 只能对两条相交直线倒斜角。绘制时点击倒斜角图标 ,出现如图 2.17所示对话框。

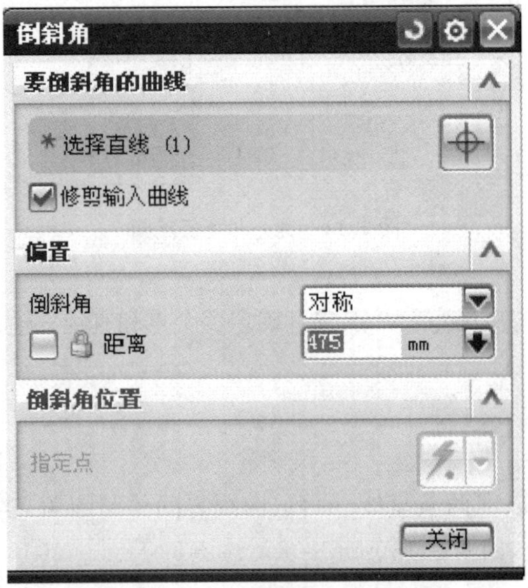

**图 2.17　"倒斜角"对话框**

首先确定是否修剪输入曲线,打"√"表示要修剪,否则不修剪;第二步选择倒斜角方式。倒斜角方式有三种:对称、不对称、偏置和角度。

对称:只需要输入一个数值,不需要区分第一和第二条直线。

不对称:需要输入两个数值,需要确定第一和第二条直线。

偏置和角度:需要输入数值和角度,在相同数值情况下,改变光标位置可以得到不同方向的斜角,如图 2.18 所示。

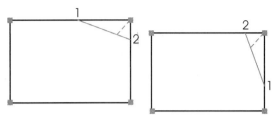

**图 2.18 偏置和角度**

## 2.2.7 绘制矩形

在草图工具条上单击图标 ▭,弹出"矩形"对话框,如图 2.19 所示。

**图 2.19 "矩形"对话框**

该对话框提供了以下三种绘制矩形的方法:

**1. 两点绘制矩形**

该方法以矩形的对角线上的两点创建矩形。此方法创建的矩形只能和草图的水平方向平行或垂直。单击 ⬜ 按钮,在绘图区任意选取一点作为矩形的一个对角点,输入宽度和高度数值确定矩形的另一个对角点或者用光标捕提另一个对角点,即可完成矩形的绘制,如图 2.20 所示。

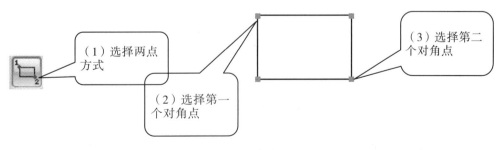

(1)选择两点方式

(2)选择第一个对角点

(3)选择第二个对角点

**图 2.20 两点绘制矩形**

输入模式有两种:坐标模式 **XY** 和参数模式 ⊢ ,在利用工具创建草图的过程中,可以

单击 **XY** 或 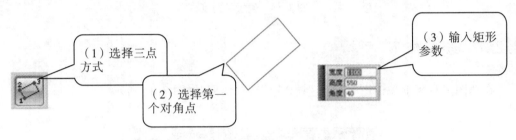 进行切换。

**2. 三点绘制矩形**

该方法用三点来定义矩形的形状和大小,第一点为起始点,第二点确定矩形的宽度和角度,第三点确定矩形的高度。该方法可以绘制与草图的水平方向成一定倾斜角度的矩形。单击 按钮,并在绘图区指定矩形的一个端点,然后分别输入所要创建矩形的宽度、高度和角度数值,即可完成矩形的绘制,如图 2.21 所示。

**图 2.21　三点绘制矩形**

**3. 从中心绘制矩形**

此方法也是用三点来创建矩形,第一点为矩形的中心,第二点确定矩形的宽度和角度,它和第一点的距离为所创建的矩形宽度的一半,第三点确定矩形的高度,它与第一点的距离等于矩形高度的一半。单击 按钮,并在绘图区指定矩形的中心点,然后分别输入所要创建矩形的宽度、高度和角度数值,即可完成矩形的绘制,如图 2.22 所示。

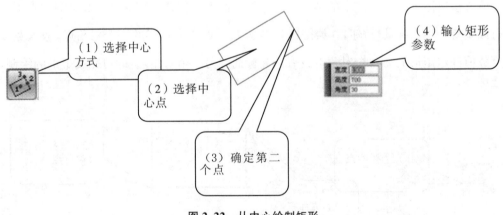

**图 2.22　从中心绘制矩形**

## 2.2.8　绘制多边形

绘制多边形功能 用于创建多边形。在草图工具条上单击 按钮后,系统弹出如图 2.23所示的"多边形"对话框。

**图 2.23 "多边形"对话框**

对话框中主要参数的意义如下:

(1) 中心点:用于定义多边形的中心,可以通过点构造器来定义。

(2) 边数:在边数文本框中输入边的数目以定义多边形的边数。

(3) 指定点:确定多边形某一条边的中点。

(4) 大小:用于进一步确定多边形的大小。主要选项有:

① 内切圆半径:通过多边形的内切圆半径来定义多边形。选择该选项后,可以在半径和旋转角度文本框中输入多边形的内切圆半径和旋转角度,如图 2.24 所示。

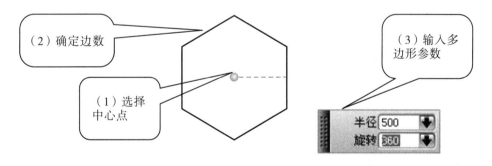

**图 2.24 内切圆半径绘制多边形**

② 外接圆半径:通过多边形的外接圆半径来定义多边形。选择该选项后,可以在半径和旋转角度文本框中输入多边形的外接圆半径和旋转角度。

③ 边长:通过边长来定义多边形的形状。选择该选项后,可在后面的边长和旋转角度文本框中分别输入多边形的边长和旋转角度。

## 2.2.9　绘制椭圆

绘制椭圆功能 ⊙ 用于通过中心点和尺寸定义椭圆。在草图工具条上单击 ⊙ 按钮后，系统弹出如图 2.25 所示的"椭圆"对话框。

**图 2.25　"椭圆"对话框**

对话框中主要参数的意义如下：

(1) 中心：用于定义椭圆的中心。可以通过点构造器来指定。

(2) 大半径：用于定义长轴半径的大小。可以直接在大半径文本框中输入数值，也可以通过点构造器定义长轴上的点，此时长轴的半径为椭圆圆心到指定点的长度。

(3) 小半径：用于定义短轴半径的大小。可以直接在小半径文本框中输入数值，也可以通过点构造器定义短轴上的点，此时短轴的半径为椭圆圆心到指定点的长度。

(4) 限制：如果在"封闭的"前的方框内打"√"，则绘制一个完整椭圆；否则绘制部分椭圆，可以利用起始角度和终止角度绘制不同角度的椭圆。

(5) 旋转：是指将大半径从正 X 轴方向开始按逆时针方向转过一个规定角度。

椭圆的绘制如图 2.26 所示。

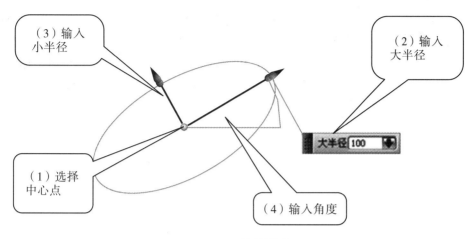

（3）输入
小半径

（2）输入
大半径

大半径 100

（1）选择
中心点

（4）输入角度

图 2.26　绘制椭圆

## 2.2.10　艺术样条

艺术样条曲线 用于绘制关联或者非关联的样条曲线。在实际设计过程中，样条曲线多用于数字化绘图或动画设计，相比一般样条曲线而言，它由更多的定义点生成，并且可以指定样条定义点的斜率，也可以拖动样条的定义点或者极点。

单击 按钮，打开"艺术样条"对话框，如图 2.27 所示。

图 2.27　"艺术样条"对话框

在该对话框中包含以下两种绘制艺术样条曲线的方式：

**1. 通过点**

该方式创建的样条完全通过所选择的点，指定点时可以捕捉存在点，也可以用鼠标直接定义点。整个建立过程和参数指定都是在同一对话框中进行的。该方式主要通过创建指定点实现绘制，可拖动曲线上的点自由控制其形状。单击"通过点"按钮，弹出对话框，在对话框中设置样条曲线有关参数后，在绘图区指定点并单击"确定"按钮即可，如图 2.28 所示（图中小圆球为所选择点的位置）。

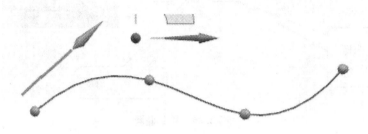

**图 2.28　通过点绘制艺术样条**

选项"封闭的"是指是否将所绘制样条曲线自动封闭。

**2. 通过极点**

该方式用极点来控制样条的创建，极点数应比设定的阶次至少大 1，否则会创建失败。利用该方式绘制样条曲线时，在曲线定义的同时在绘图区中动态显示不确定的样条曲线，同时还可以交互地改变定义点处的斜率、曲率等参数。该方式绘制样条曲线与通过点方式操作步骤类似，如图 2.29 所示（图中小圆球为所选择极点的位置）。

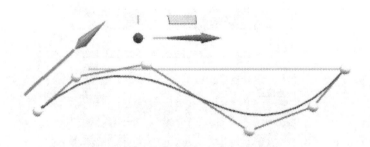

**图 2.29　通过极点绘制艺术样条**

**提示**　除端点外，绘制的艺术样条曲线不通过极点，将艺术样条的阶次设置得越大，曲线偏离极点越大，当阶次为 1 时，将得到直线。

## 2.2.11　创建点

点是最小的几何构造元素，也是草图几何元素中的基本元素，草图是由控制点控制的，如直线由两个端点控制，圆弧由圆心和起始点控制。控制草图对象的点称为草图点，UG 通过控制草图点来控制草图对象，如按一定次序来构造直线、圆和圆弧等基本图元；通过两点可以创建直线,通过矩形阵列的点或定义曲面的极点来直接创建自由曲面;还可以通过大量点的云集构造面和点集等特征。单击"草图"工具条中的"点"按钮 ✛,打开"点"对话框,如图 2.30 所示。在该对话框中包括创建点的两种方式,其中"类型"用来选择点的捕捉方式,系统提供了端点、交点、象限点等 11 种方式;"输出坐标"用于设置在 XC、YC、ZC 方向上相对于坐标原点的位置;"偏置"用于设置点的生成方式。

（1）"点"对话框

（2）点的位置

（3）点的类型

图 2.30　创建点

# 2.3　草图曲线编辑

## 2.3.1　快速修剪

快速修剪功能 ✙ 用于快速删除曲线、以任意方向将曲线修剪至最近的交点或选定的边界,对于相交的曲线,系统将曲线在交点处自动打断。单击"草图"工具条上的 ✙ 按钮,系统弹出如图 2.31 所示对话框,系统自动捕捉边界曲线,只需选择要修剪的曲线即可。

## 2.3.2　快速延伸

快速延伸功能 ✓ 用于将曲线以最近的距离延伸到选定的边界。单击"草图"工具条上的 ✓ 按钮,系统弹出如图 2.32 所示对话框,系统自动捕捉下一个要延伸的边界曲线,只需选择要延伸的曲线即可。

图 2.31 "快速修剪"对话框

图 2.32 "快速延伸"对话框

### 2.3.3 制作拐角

制作拐角功能 ⊬ 用于延伸和修剪两条曲线以制作拐角。单击"草图"工具条上的 ⊬ 按钮，出现"制作拐角"对话框，按对话框的提示选择两条曲线制作拐角，如图 2.33 所示。

**提示** 线被选择的一侧为要保留的，另一侧为要修剪的。

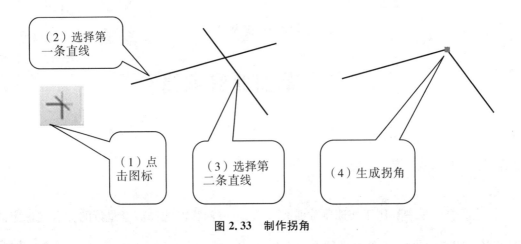

图 2.33 制作拐角

## 2.4 来自曲线集的曲线

### 2.4.1 偏置曲线

偏置曲线功能 用于对视图区域内的草图曲线向某一侧进行偏置操作，如图 2.34 所示。

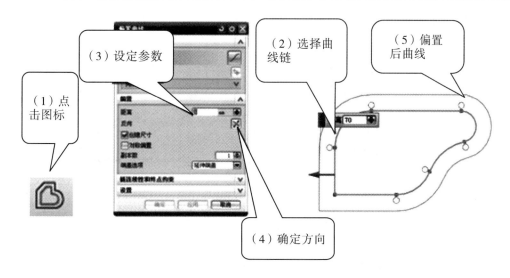

**图 2.34 偏置曲线**

## 2.4.2 阵列曲线

　　阵列曲线功能 ∞ 可以将曲线链沿一个或两个直线方向进行复制,如图 2.35 所示。

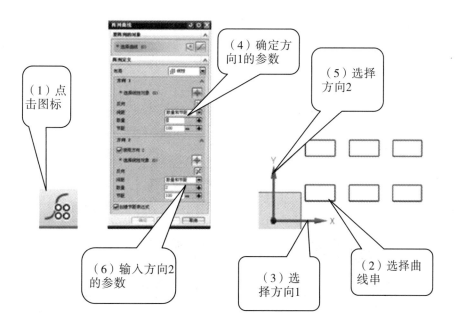

**图 2.35 阵列曲线**

## 2.4.3 镜像曲线

　　镜像曲线功能 ⚏ 用于设置一曲线关于中心线对称,中心线可以是基准轴,也可以是某一现有直线。如图 2.36 所示。

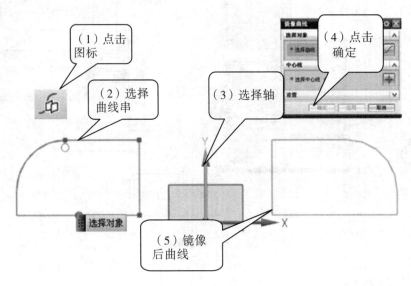

**图 2.36　镜像曲线**

## 2.4.4　添加现有曲线

添加现有曲线功能  用于将与草图平面平行的平面内已存在的曲线添加到当前活动草图中。如图 2.37 所示。

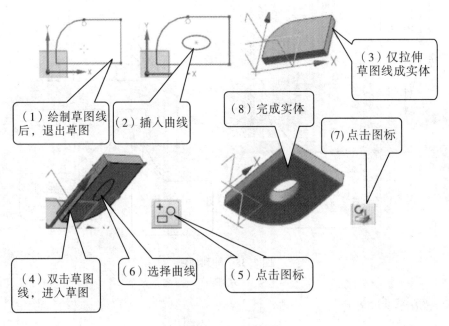

**图 2.37　添加现有曲线**

**提示**　不能将关联曲线和规律曲线添加到草图中。

# 2.5　投 影 曲 线

投影曲线功能用于沿草图法线方向将草图外的曲线、边或点投影到当前草图平面上，使之成为当前草图的对象。如图 2.38 所示。

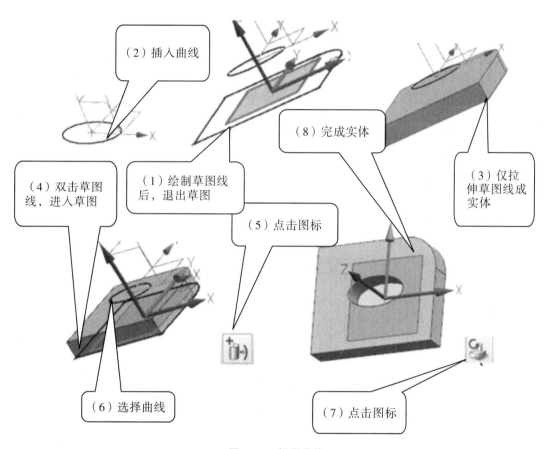

（2）插入曲线

（8）完成实体

（4）双击草图线，进入草图

（1）绘制草图线后，退出草图

（3）仅拉伸草图线成实体

（5）点击图标

（6）选择曲线

（7）点击图标

图 2.38　投影曲线

**提示**

（1）原曲线必须先于要投影到的草图面建立。

（2）原曲线可以是关联或非关联曲线。

（3）投影曲线与原曲线可以是关联的，也可以是非关联的，由"设置"中的"关联"选项卡控制。"关联"是指原曲线的变化会影响到投影曲线，否则不影响。

# 2.6　草图尺寸约束

尺寸约束应用于草图对象,主要用于定义草图的大小和草图对象的相对位置。操作步骤如图 2.39 所示。

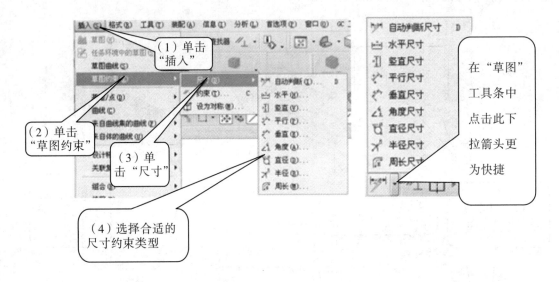

**图 2.39　尺寸约束步骤**

尺寸约束类型:

(1) 自动判断:用于通过选定的对象或者光标的位置来自动判断尺寸的类型进而创建尺寸约束。

(2) 水平尺寸:用于在两点之间创建水平距离的约束,如图 2.40 所示。

(3) 竖直尺寸:用于在两点之间创建竖直距离的约束,如图 2.40 所示。

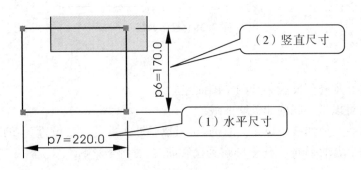

**图 2.40　水平、竖直尺寸约束**

(4) 平行尺寸:用于在两点之间创建平行距离的约束,如图 2.41 所示。

（5）![垂直尺寸图标] 垂直尺寸:用于在点和直线之间创建垂直距离的约束,如图 2.41 所示。

（6）![角度尺寸图标] 角度尺寸:用于在两条不平行的直线之间创建角度约束,如图 2.41 所示。

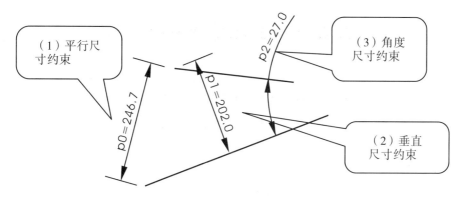

**图 2.41　平行、垂直、角度尺寸约束**

（7）![直径尺寸图标] 直径尺寸:用于对圆弧或圆创建直径约束,如图 2.42 所示。

（8）![半径尺寸图标] 半径尺寸:用于对圆弧或圆创建半径约束,如图 2.42 所示。

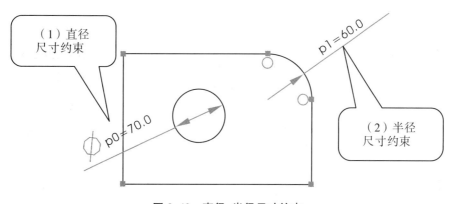

**图 2.42　直径、半径尺寸约束**

（9）![周长尺寸图标] 周长尺寸:用于通过创建周长约束来控制直线或圆弧的长度。

**提示**　一般情况下采用"自动判断",而不必在各种约束方法中频繁切换,更能提高尺寸约束效率。

# 2.7　草图几何约束

几何约束应用于草图对象之间、草图对象和曲线之间以及草图对象和特征之间进行草图对象的位置约束,并可辅助草图尺寸进行草图位置的约束,如设置对象固定、对象水平、对象相切、对象同心等。对于不同的选择对象,其几何约束情况也不一样。在视图平面内选择

需进行几何约束的对象后,选择"插入"|"草图约束"|" ⊥ 约束"命令或单击"草图"工具条中的 按钮,系统将弹出不同的工具栏,如图 2.43 所示为选择两直线后弹出的工具栏。

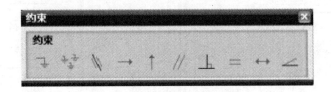

**图 2.43　直线与直线约束工具栏**

几何约束类型:

(1) 固定:该命令用于将所选草图对象固定在某一位置。对于不同的对象,其固定方法不一样:对于点为其所在位置;对于直线为其角度或端点;对于样条曲线为固定其控制点的位置。

(2) 共线:该命令用于定义两条或多条直线共线,如图 2.44 所示。

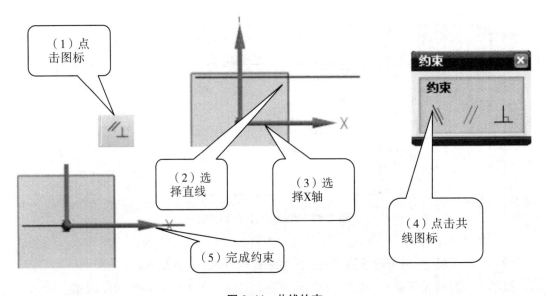

**图 2.44　共线约束**

(3) →水平:该命令用于定义所选直线为水平线。

(4) 竖直:该命令用于定义所选直线为竖直线。

(5) 平行:该命令用于定义两条或多条直线相互平行,所图 2.45 所示。

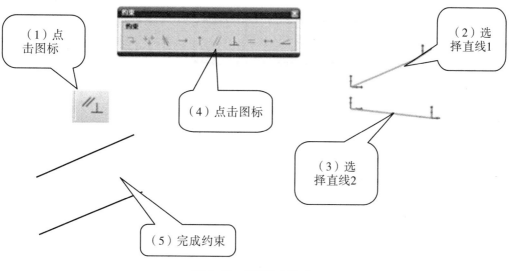

**图 2.45 平行几何约束**

（6）⊥ 垂直：该命令用于定义两条或多条直线相互垂直，如图 2.46 所示。

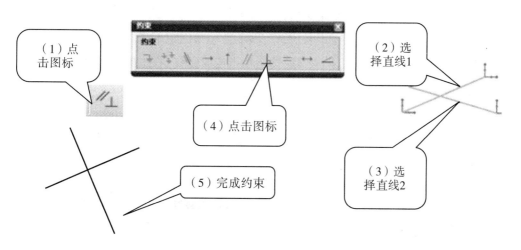

**图 2.46 垂直几何约束**

（7）═ 等长度：该命令用于定义两条或多条直线长度相等，如图 2.47 所示。

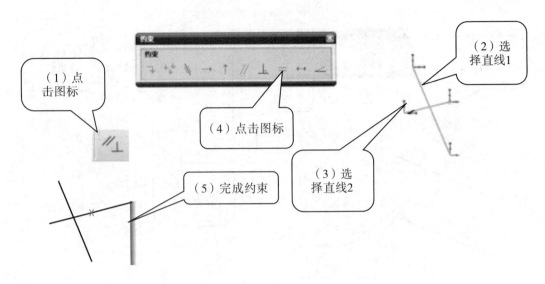

图 2.47    等长度几何约束

**提示**    在平行、垂直、等长度几何约束中,是以所选择的第一条线为基准来约束第二条线的,所以在选择直线时要区分好第一与第二条线。

(8) ↔ 固定长度:该命令用于定义所选直线的长度固定不变。

(9) ∠ 固定角度:该命令用于定义所选直线的方位角固定不变。

(10) ↑ 点在线上:该命令用于定义所选点在指定的曲线上,如图 2.48 所示。

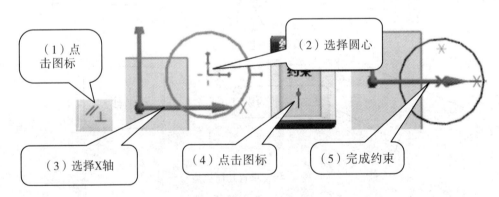

图 2.48    点在线上

(11) ⊢ 中点:该命令用于定义所选点位于所选曲线的中点处。

(12) ✗ 重合:该命令用于定义两个或多个点重合,如图 2.49 所示。

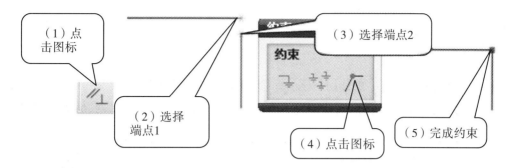

图 2.49　端点重合

(13) ◎同心:该命令用于定义两个或多个圆、圆弧或椭圆同心,如图 2.50 所示。

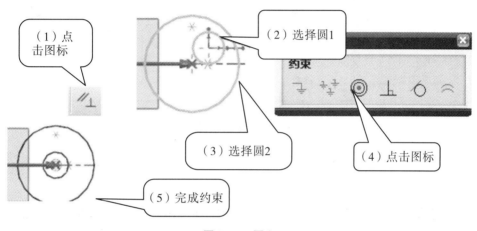

图 2.50　同心

(14) ◇相切:该命令用于定义两个所选对象相切。

(15) ⌒等半径:该命令用于定义两条或多条圆弧或圆的半径相等,如图 2.51 所示。

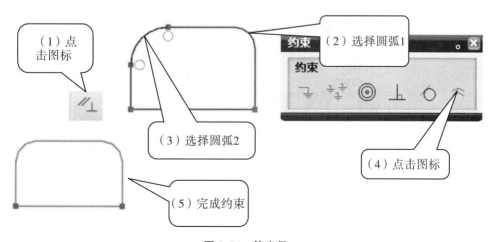

图 2.51　等半径

(16) ⌒曲线切矢:该命令用于定义样条曲线通过选择的点与另外的对象相切。

### 2.7.1　显示所有约束

显示所有约束功能 ▶✐ 的作用是显示所有草图对象的约束类型,以便对约束的正误进行判断。单击"显示所有约束"按钮,绘图区便会显示该草图的所有几何约束类型,如图 2.52 所示。

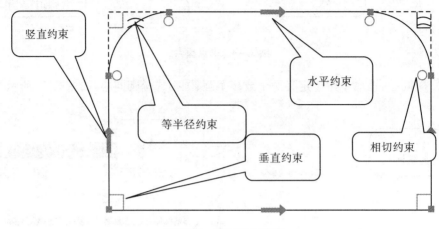

**图 2.52　显示所有约束**

### 2.7.2　显示/移除约束

显示/移除约束功能 ✖ 可以查看草图对象中所应用的几何约束的类型和信息,也可完成所选取几何约束的删除操作。操作步骤如图 2.53 所示。

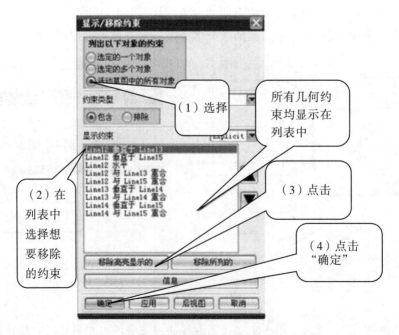

**图 2.53　显示/移除约束**

### 2.7.3　转换至/自参考对象

转换至/自参考对象功能 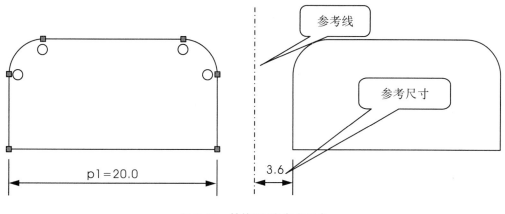 可以将草图中的曲线或尺寸转换为参考对象,或将参考对象再次激活。该工具经常用来将直线转换为参考的中心线或将某一约束尺寸转换为参考尺寸。如图 2.54 所示。

**图 2.54　转换至/自参考对象**

**提示**　参考尺寸对草图没有任何约束作用,只起辅助显示作用。

### 2.7.4　自动判断约束和尺寸

自动判断约束和尺寸功能 可以控制哪些约束在构造草图曲线过程中被自动判断并创建,从而减少在绘制草图后添加约束的工作量,提高绘图效率。单击"自动判断约束和尺寸"按钮,打开"自动判断约束和尺寸"对话框,通过启用和禁用该对话框中各约束类型的复选框,即可控制绘制草图过程中自动创建约束的类型,如图 2.55 所示,约束效果如图 2.56 所示。

**提示**

(1) 在对"自动判断约束和尺寸"对话框设置完成后,还需要启用"草图约束"工具栏中的"创建自动判断的约束"按钮 ,才能在绘制草图过程中自动创建所需约束。

(2) 在绘制连续线串时一定要选中 重合复选框,否则所绘制的连续线串的端点实际上都没有重合,还必须一一进行几何约束,影响绘图效率。

图 2.55 "自动判断约束和尺寸"对话框

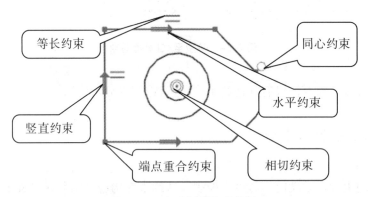

图 2.56 自动判断约束效果

# 2.8 "草图"工具条

## 2.8.1 定向视图到草图

定向视图到草图功能 是在草图平面发生旋转的情况下使草图重新进入草图平面。功能的实现有三种方法：

（1）点击"草图"工具条中的 图标。

（2）在草图界面空白区单击右键,出现如图 2.57 所示快捷工具栏,再依照说明进行操作即可。

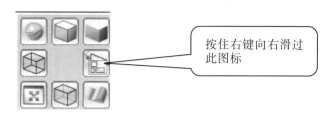

图 2.57　定向视图到草图

（3）利用快捷键 Shift＋F8。

## 2.8.2　从草图更新模型

由草图生成实体后，当草图发生变化时，点击 按钮可以更新模型。

## 2.8.3　草图重新附着

草图重新附着 的作用是在不改变草图曲线元素的情况下，把草图上所有的元素重新附着在指定的平面上。使用该工具无需重新绘制草图就可以在不同的平面得到相同的草图元素。在"草图"工具条中单击 按钮，或在菜单栏中选择"工具"菜单下的 重新附着草图(H)选项，打开"重新附着"对话框，其中包括两种重新附着的方法：

**1. 在平面上**

选择该选项时，可以将现有的草图元素直接附着在指定的平面上，如图 2.58 所示。

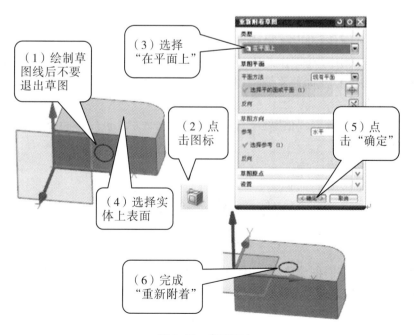

图 2.58　在平面上

**2. 基于路径**

该方法可以将草图元素重新附着在所创建的草图平面上。首先创建一个新的平面，然后选择新建的平面作为重新附着平面，如图 2.59 所示。

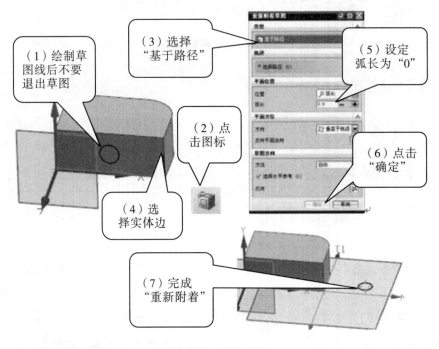

**图 2.59　基于路径**

## 2.8.4　延迟评估与评估草图

延迟评估与评估草图按钮 可用于延迟评估和评估草图。

延迟评估：该命令用于将草图约束的生效时间延迟到选择"评估草图"后，包括创建草图时系统并不显示约束，以及即便系统创建了约束，系统也不更新几何图形直到选择"评估草图"选项。

评估草图：只有在"延迟评估"处于选中状态时，此命令才可用，即对草图中的对象按照实际约束情况进行处理。

# 2.9　设 计 实 例

为了更好地说明如何创建草图，如何对草图进行尺寸约束和几何约束，以及草图的一些其他相关操作，下面将通过两个实例来讲解如何绘制草图。

## 2.9.1 设计实例一

设计如图 2.60 所示草图。

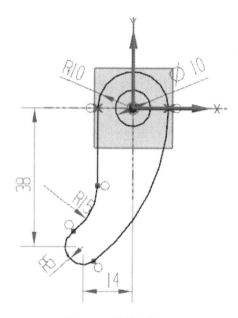

**图 2.60 设计实例一**

操作步骤:

**1. 新建文件**

启动 UG NX 8.0,按以下步骤新建文件,如图 2.61 所示。

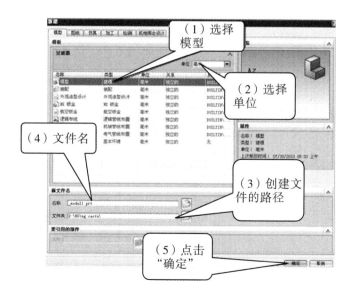

**图 2.61 新建文件**

**提示**　在新建 UG 文件的路径中不能出现汉字,只能是字母和数字,否则系统将不能识别,这一点是初学者容易忽略的。

**2. 设置草图参数**

(1) 在建模界面的菜单栏中选择"首选项"|"背景",在"着色视图"和"线框视图"复选框中,将背景设置为"纯色"。

(2) 在建模界面的菜单栏中选择"首选项"|"草图",打开"草图首选项"对话框,在"草图样式"选项卡中将"尺寸标签"设置为"值"。

**3. 进入直接草图**

选择"工具"|"定制",在列表中选择"直接草图",系统自动在屏幕下方排列"直接草图"工具条,如图 2.62 所示,点击工具条右下角的下拉箭头,根据需要选择各草图功能图标,如图 2.63 所示,这些图标的功能在前面已经有过详细说明。

**图 2.62　"直接草图"工具条**

**图 2.63　可供选择的草图工具**

**4. 进入草图**

单击工具条中的 ![图标] 图标,系统显示如图 2.64 所示界面,本例中选择 XY 平面。

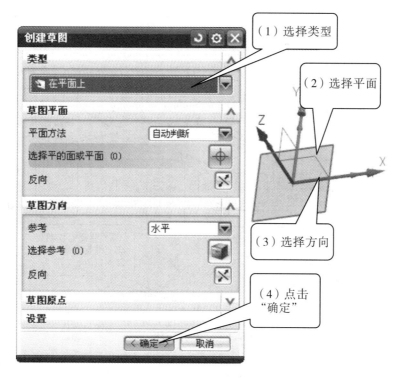

图 2.64　选择草图平面

**5. 绘制中心圆**

按图 2.65 中的步骤绘制圆。

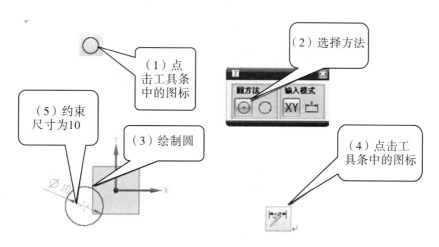

图 2.65　绘制中心圆

**提示**

（1）绘制草图时,第一个图素的大小非常重要,最好能够与实际图素相同或接近,否则在后面的约束中即使采用了"延迟评估",也会出现草图变形现象,调整起来非常困难。

（2）第一个图素的位置可以在草图平面上任意放置,在草图的形状完全约束后再约束整个草图在平面上的位置。

### 6. 绘制中心线

按图 2.66 中的步骤绘制中心线并约束圆心在两条参考线的交点上。

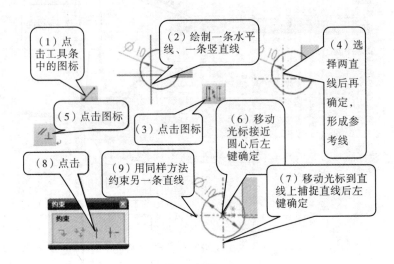

图 2.66　绘制中心线

### 7. 绘制周边封闭轮廓

按图 2.67 中的步骤绘制周边封闭轮廓。

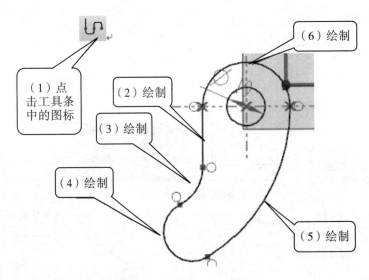

图 2.67　绘制周边封闭轮廓

### 提示

（1）在采用 功能绘制连续线串时最好从直线开始，这样可以很方便地利用鼠标的拖动而形成不同方向的圆弧。

（2）所绘制轮廓要与原形状大致相同。

## 8. 添加几何约束

（1）按图 2.68 中的步骤添加几何约束。

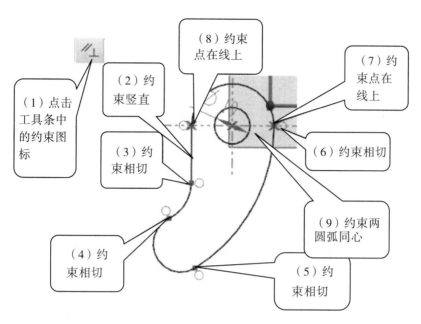

**图 2.68　添加几何约束**

（2）显示所有几何约束：点击图标 ，显示所有几何约束，如图 2.69 所示；点击 图标，出现如图 2.70 所示界面，所有几何约束均显示在列表中，本例中共有 22 个几何约束，可对其中的任意几何约束进行移除。

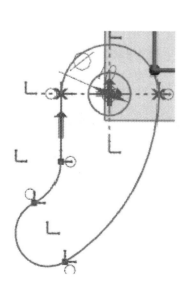

**图 2.69　几何约束显示**

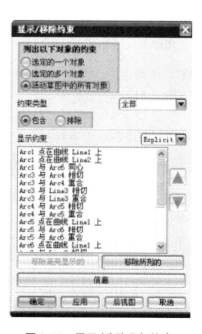

**图 2.70　显示/移除几何约束**

### 9. 添加尺寸约束

按图 2.71 中的步骤添加尺寸约束。

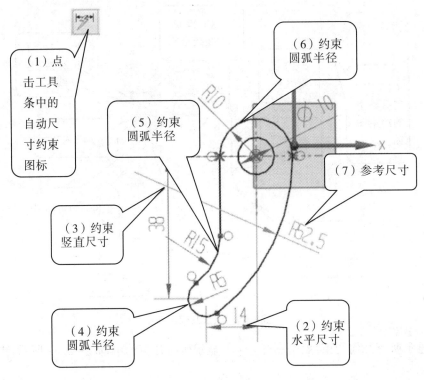

**图 2.71   添加尺寸约束**

**提示**

（1）在添加尺寸约束时，可以采用自动判断尺寸命令（ 按钮），也可根据不同图素采用相对应的命令。

（2）图 2.71 中的尺寸 R52.5 为参考尺寸，它对草图不起约束作用，只起到显示说明作用。

### 10. 定位草图在草图平面上的位置

点击图标 ，在提示栏显示 **草图需要 6 个约束** ，说明草图还没有完全约束。这 6 个约束分别是：每条参考线还需要 2 个约束，两条参考线共 4 个约束，这 4 个约束可以添加，也可以不添加，它对草图完全没有影响；草图在草图平面上的位置需要 2 个约束，这 2 个约束一定要添加，添加后草图在平面上的位置才能最终确定。

本例中，将草图定位到坐标系原点，并对所有图素完全约束，如图 2.72 所示。

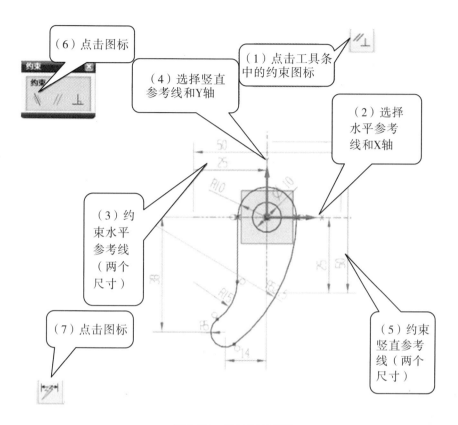

**图 2.72 完全约束草图**

在完成图 2.72 中的第(5)步操作后，所有草图曲线都会变成系统设定的完全约束后的颜色，说明整个草图已经约束完成，但在提示栏仍有显示"草图需要 4 个约束"，这 4 个约束就是两条参考线所缺少的约束。继续完成图 2.72 中的操作后，再点击图标，在提示栏显示"草图已完全约束"。

**11. 完成草图**

当草图完全约束后就可以点击图标，完成草图，再点击菜单"文件"｜"保存"命令，或者对草图进行其他操作。

## 2.9.2 设计实例二

设计如图 2.73 所示草图。

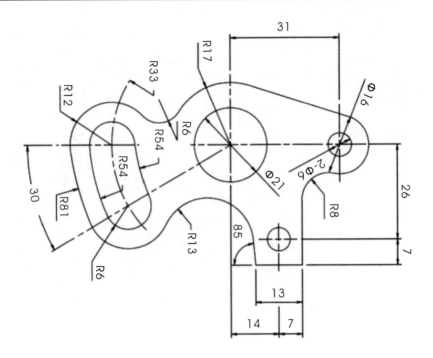

图 2.73　设计实例二

操作步骤：

**1. 新建文件**

启动 UG NX 8.0，按以下步骤新建文件，如图 2.74 所示。

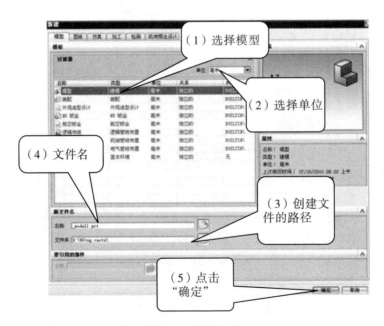

图 2.74　新建文件

### 2. 设置草图参数

详见 2.9.1 节设计实例一。

### 3. 进入直接草图

详见 2.9.1 节设计实例一。

### 4. 进入草图

详见 2.9.1 节设计实例一。

### 5. 绘制参考中心线

按图 2.75 中的步骤绘制参考线。

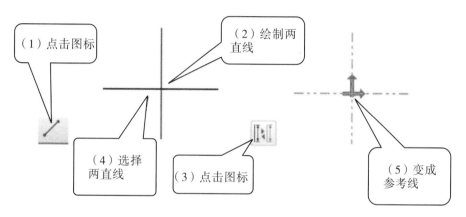

图 2.75 绘制参考线

### 6. 绘制 Φ21 圆

按图 2.76 中的步骤绘制圆并约束。

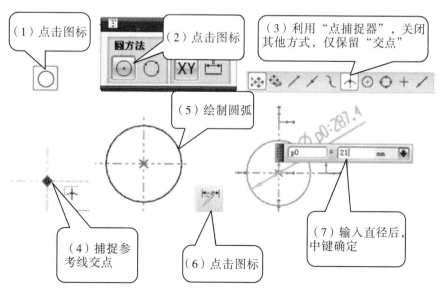

图 2.76 绘制圆并约束

### 7. 绘制两个小圆

按图 2.77 中的步骤绘制两小圆并约束。

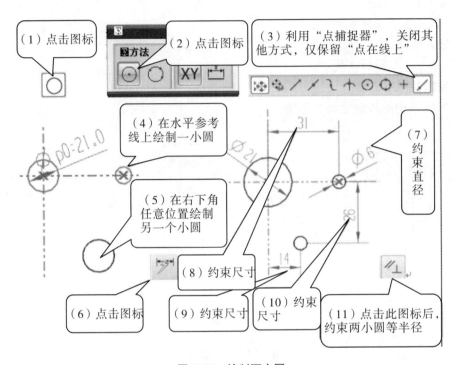

图 2.77　绘制两小圆

**提示**　要学习利用点捕捉器，在这一步中，只将交点选中，其他方式均关闭，所以光标只能捕捉两直线的交点作为圆心。

### 8. 绘制周边轮廓线

利用 功能绘制周边轮廓线，如图 2.78 所示。

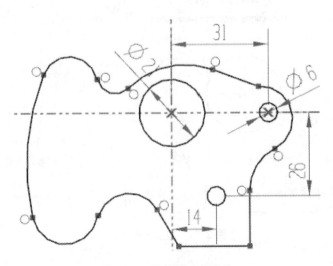

图 2.78　绘制周边轮廓线

**提示**

（1）从水平或竖直线开始绘制比较方便。

（2）在绘制中，注意观察不应该存在的几何约束一定不能有，否则在几何约束列表中非常难于查找并移除。

**9. 绘制参考线和腰形轮廓**

绘制参考线和腰形轮廓，如图 2.79 所示。

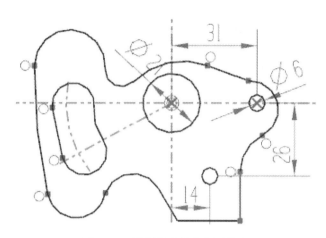

图 2.79　绘制参考线和腰形轮廓

**10. 添加几何约束**

（1）相切约束：按图 2.80 中的序号顺序添加相切约束。

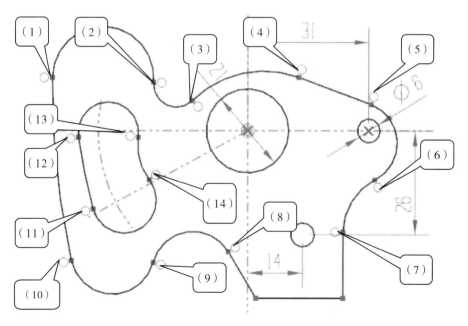

图 2.80　添加相切约束

**提示**　图中共有 14 处相切,其中有一部分在绘图过程中已经自动约束,其他部分需要手动完成约束,特别需要注意的是不需要相切的图素之间一定不能约束相切,否则在后面的约束中会造成约束冲突。

（2）同心约束:按图 2.81 中的序号顺序添加同心约束。

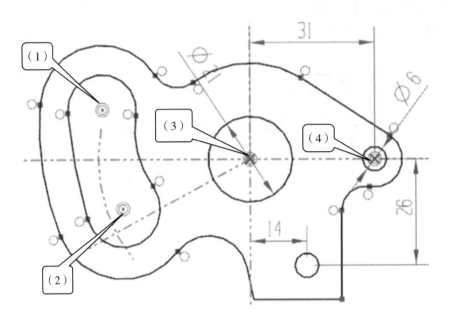

图 2.81　添加同心约束

**提示**　本例中共有 4 处圆弧同心。

（3）添加等半径约束:按图 2.82 中的序号顺序添加等半径约束。

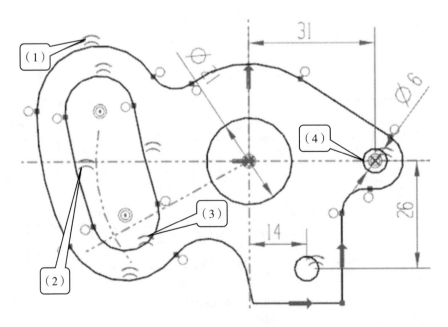

图 2.82　添加等半径约束

**提示** 本例中共有 4 处圆弧等半径,其中第(4)处同心在前面已经约束,所以此处只需要约束 3 处等半径即可。

(4) 约束圆心在线上:按图 2.83 中的步骤将圆心约束在线上。

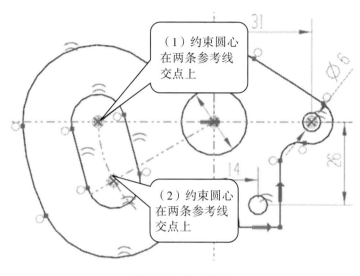

（1）约束圆心在两条参考线交点上

（2）约束圆心在两条参考线交点上

**图 2.83　约束圆心**

**提示** 此处只需要约束两圆心在参考线交点上,而其他圆弧的端点均不在参考线上。

**11. 添加尺寸约束**

(1) 添加长度、角度尺寸约束:按图 2.84 中的序号顺序添加长度、角度尺寸约束。

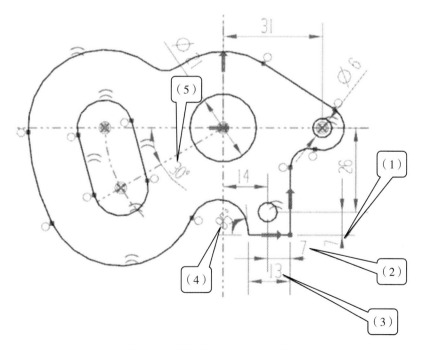

**图 2.84　添加长度、角度尺寸约束**

（2）约束腰形圆弧：按图 2.85 中的序号顺序约束腰形圆弧。

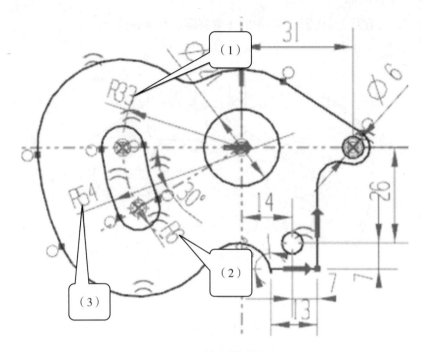

**图 2.85　约束腰形圆弧**

（3）约束周边轮廓圆弧：按图 2.86 中的序号顺序约束周边轮廓圆弧。

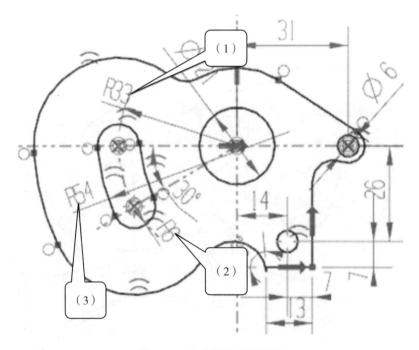

**图 2.86　约束周边轮廓圆弧**

**12. 完全约束草图**

在本例中,最后将草图定位到坐标系原点,如图 2.87 所示。

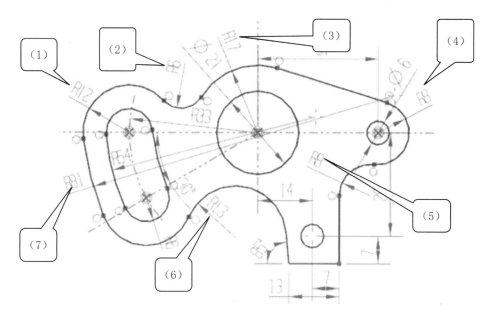

图 2.87 完全约束草图

**13. 形成实体**

点击 ▥ 图标完成草图,点击 ▯ 图标形成实体,如图 2.88 所示。

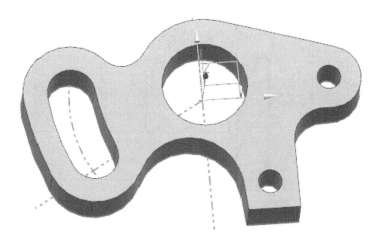

图 2.88 形成实体

**14. 保存文件**

全部操作结束后,最终保存文件退出。

# 2.10　小　　结

（1）在绘制草图时，选择第一个绘制图素非常重要，它关系到参考线的绘制和草图最终在草图平面上的定位。

（2）所绘制的第一个图素最好与实际尺寸相同或相近。

（3）灵活运用点捕捉器，可以减少约束。

（4）尽可能多采用几何约束，少采用尺寸约束。

（5）对于形状简单的草图，可以完全绘制好形状后再进行约束；对于形状复杂的草图，一定要边绘制边约束。

# 习　　题

1. 绘制如图 2.89 所示草图。

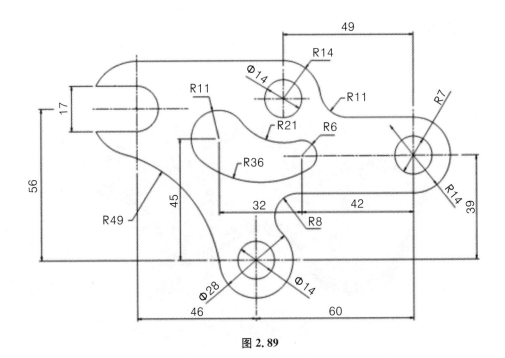

图 2.89

2. 绘制如图 2.90 所示草图。

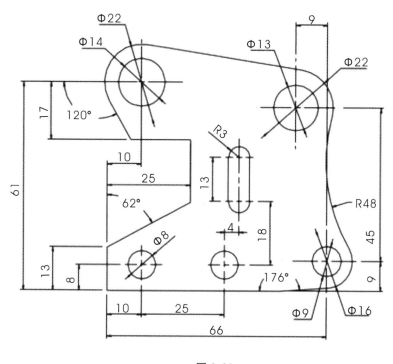

图 2.90

# 第3章 实体设计

UG NX 8.0 具有强大的实体设计功能,并且在原有版本基础上进行了一定的改进,提高了用户表现设计意图的能力,使造型操作更简便、更直观、更实用,在建模和编辑的过程中能够获得更大的、更自由的创作空间,相比之下更节省时间和精力。

UG 通过拉伸、旋转、扫掠等建模方法,并辅之以布尔运算,使用户既可以进行参数化建模,又可以方便地使用非参数方法生成三维模型。另外还可以对部分参数化或非参数化模型进行二次编辑,以方便生成复杂机械零件的实体模型。具体有以下优点:

(1) UG 实体建模充分继承了传统意义上的线、面、体造型特点及长处,能够方便迅速地创建二维和三维实体模型。还可以通过其他特征操作和特征编辑模块对实体进行各种操作和编辑,将复杂的实体造型大大简化。

(2) UG 实体建模能够保持原有的关联性,可以引用到二维工程图、装配、加工、机构分析和有限元分析中。

(3) UG 实体建模提供了概念设计和细节设计,以提高创新设计能力。

(4) UG 实体建模具备对象显示和面向对象交互技术,不仅显示效果清晰,而且可以提升设计速度。

(5) UG 实体建模采用主模型设计方法,驱动后续如工程图、加工等应用,实现并行工程。主模型修改后,其他应用自动更新,从而避免了重复。

(6) UG 实体建模可以进行测量和简单物理特性分析。

## 3.1 基本体素

### 3.1.1 长方体

通过指定方位、大小和位置创建长方体体素。选择"插入"|"设计特征"|"长方体"命令,出现"块"对话框,如图 3.1 所示。

对话框中提供了三种创建长方体的方法:

(1) 原点和边长:使用一个拐角点和长度、宽度、高度来创建长方体,如图3.2所示(图中❶为拐角点)。

(2) 两点和高度:通过定义高度和底面的两个对角点来创建长方体,如图3.3所示。

(3) 两个对角点:通过定义两个代表对角点的3D体对角点来创建长方体,如图3.4所示。

图3.1 "块"对话框

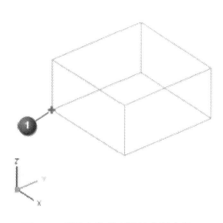

图3.2 "原点和边长"创建长方体

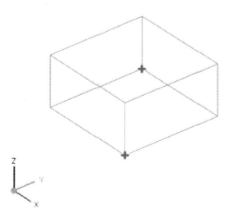

图3.3 "两点和高度"创建长方体

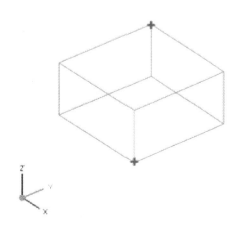

图3.4 "两个对角点"创建长方体

## 3.1.2 圆柱体

通过指定方位、大小和位置创建圆柱体体素。选择"插入"|"设计特征"|"圆柱体"命令,出现"圆柱"对话框,如图 3.5 所示。

图 3.5 "圆柱"对话框

对话框中提供了两种创建圆柱体的方法:

(1) 轴、直径和高度:通过指定方向矢量并定义直径和高度值来创建实体圆柱,如图 3.6 所示。

(2) 圆弧和高度:通过选择圆弧并输入高度值来创建圆柱,如图 3.7 所示。

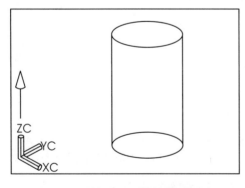

图 3.6 "轴、直径和高度"创建圆柱

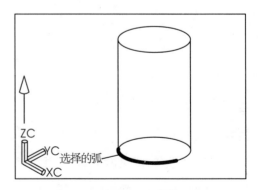

图 3.7 "圆弧和高度"创建圆柱

### 3.1.3 圆锥

通过指定方位、大小和位置创建圆锥体体素。选择"插入"|"设计特征"|"圆锥"命令，出现"圆锥"对话框，如图 3.8 所示。

**图 3.8 "圆锥"对话框**

对话框中提供了五种创建圆锥体的方法：

（1）直径和高度：通过定义底部直径、顶部直径和高度值创建实体圆锥，如图 3.9 所示。

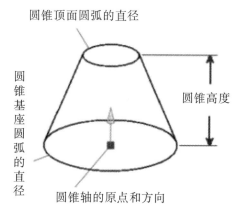

**图 3.9 "直径和高度"创建圆锥**

（2）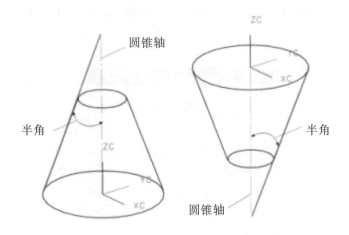直径和半角：通过定义底部直径、顶部直径和半角的值创建实体圆锥，如图 3.10 所示。

图 3.10 "直径和半角"创建圆锥

（3）底部直径、高度和半角：通过定义底部直径、高度和半角的值创建圆锥实体。

（4）顶部直径、高度和半角：通过定义顶部直径、高度和半角的值创建圆锥实体。

（5）两个共轴的圆弧：通过选择两条圆弧创建圆锥实体，如图 3.11 所示。

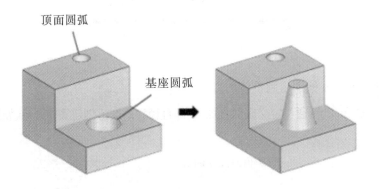

图 3.11 "两个共轴的圆弧"创建圆锥

### 3.1.4 球

通过指定方位、大小和位置创建球体体素。选择"插入"｜"设计特征"｜"球"命令，出现"球"对话框，如图 3.12 所示。系统提供两种创建球的方式：

**图 3.12 "球"对话框**

（1）中心点和直径：通过定义直径值和中心创建球，如图 3.13 所示。

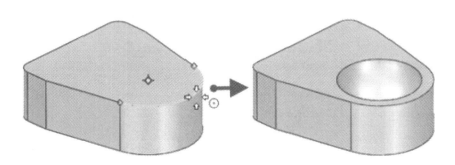

**图 3.13 "中心点和直径"创建球**

（2）圆弧：通过选择圆弧来创建球，如图 3.14 所示。

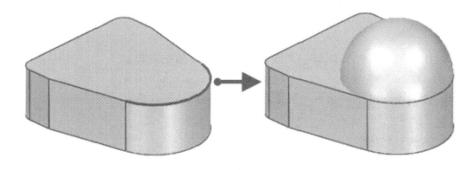

**图 3.14 "圆弧"创建球**

# 3.2　布　尔　操　作

布尔操作在实体建模中应用很多,包括实体建模中各个实体之间的求加、求差和求交操作。布尔操作中的实体称为工具体和目标体,只有实体对象才可以进行布尔操作,曲线和曲面等无法进行布尔操作。完成布尔操作后,工具体成为目标体的一部分。三种布尔运算分别介绍如下:

## 3.2.1　求和

使用"求和"布尔命令可将两个或多个工具体组合为一个目标体。目标体和工具体必须重叠或共享面,这样才会生成有效的实体。

选择"插入"│"组合"│"求和"命令,打开"求和"对话框,如图 3.15 所示。

图 3.15　"求和"对话框

对话框中常用选项说明如下:

**1. 目标**

选择体:用于选择目标实体与一个或多个工具实体加在一起。

**2. 刀具**

选择体:用于选择一个或多个工具实体以修改选定的目标体。

**3. 设置**

保持目标:将目标体的副本以未修改状态保存。

保持工具:将选定工具体的副本以未修改状态保存。

"求和"操作示例如图 3.16 所示。

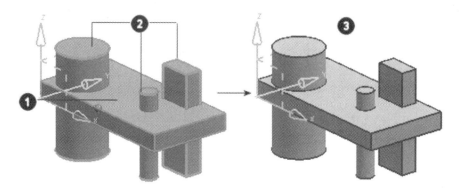

**图 3.16 "求和"操作示例**

## 3.2.2 求差

使用"求差"命令可从目标体中移除一个或多个工具体。"求差"操作示例如图 3.17 所示。

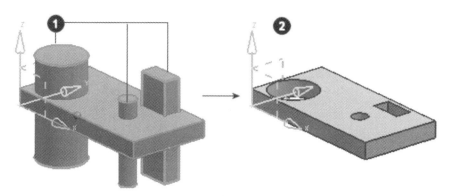

**图 3.17 "求差"操作示例**

## 3.2.3 求交

使用"求交"命令可创建包含目标体与一个或多个工具体的共享体积或区域的体。"求交"操作示例如图 3.18 所示。

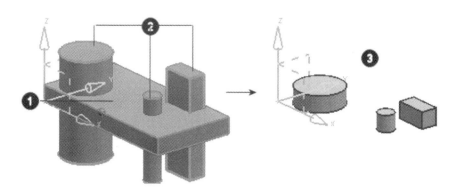

**图 3.18 "求交"操作示例**

# 3.3 拉 伸 特 征

拉伸命令可创建实体或片体,方法是选择曲线、边、面、草图或曲线特征的一部分并将它们延伸一段线性距离。

选择"插入"|"设计特征"|"拉伸"命令(或单击"特征"工具栏中的"拉伸"按钮),打开"拉伸"对话框,如图 3.19 所示。

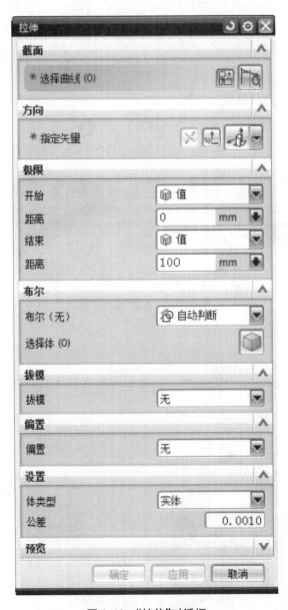

图 3.19 "拉伸"对话框

对话框中常用选项说明如下：

**1. 截面**

:单击该按钮进入草图环境,打开草图生成器,在其中可以创建一个处于特征内部的截面草图。在退出草图生成器时,草图被自动选作要拉伸的截面。

:指定要拉伸的曲线或边。如果指定的截面是一个开放的或封闭的曲线集合或边集合,则拉伸体将成为一个片体或实体。如果选择多个开放的或封闭的截面,则将形成多个片体或实体。

**2. 方向**

:将拉伸方向切换为截面的另一侧。

:指定要拉伸截面的方向,默认方向为选定截面的法向。

:可使用曲线、边或任意标准矢量类型指定拉伸的方向。

**3. 极限**

极限的作用是确定拉伸的开始和结束位置。

值:设置值,确定拉伸开始或终点位置。在截面上方的值为正,在截面下方的值为负。

对称值:向两个方向对称拉伸。

直至下一个:终点位置沿箭头方向、开始位置沿箭头反方向拉伸到最近的实体表面。

直至选定对象:开始、终点位置位于选定对象。

直至延伸部分:拉伸到选定面的延伸位置。

贯通:当有多个实体时,通过全部实体。

距离:文本框中可输入值。当"开始"和"结束"选项中的任何一个设置为"值"或"对称值"时出现。

**4. 布尔**

布尔允许用户指定拉伸特征与创建该特征时与所接触的其他体之间交互的方式。

自动判断:根据拉伸的方向矢量及正在拉伸的对象的位置来确定概率最高的布尔运算。

无:创建独立的拉伸实体。

求和:将两个或多个拉伸体合成为一个单独的体。

求差:从目标体移除拉伸体。

求交:创建一个体,这个体包含拉伸特征和与之相交的现有体共有的体积。

:用于选择目标体。当"布尔"选项设置为"求和"、"求差"或"求交"时出现。

**5. 拔模**

拔模的作用是设置拔模角和拔模类型。

(1) 无:不创建任何拔模。

(2) 从起始限制:创建一个拔模,拉伸形状在起始限制处保持不变,从该固定形状处将拔模角应用于侧面,如图 3.20 所示。

（3）从截面：创建一个拔模，拉伸形状在截面处保持不变，从该截面处将拔模角应用于侧面，如图 3.21 所示。

（4）从截面——不对称角：仅当从截面的两侧同时拉伸时可用，如图 3.22 所示。

（5）从截面——对称角：仅当从截面的两侧同时拉伸时可用，如图 3.23 所示。

（6）从截面匹配的终止处：仅当从截面的两侧同时拉伸时可用，如图 3.24 所示。

角度选项：

（1）单个：为拉伸特征的所有面添加单个拔模角。

（2）多个角度：为拉伸特征的每个面分别指定一个拔模角，如图 3.25 所示。

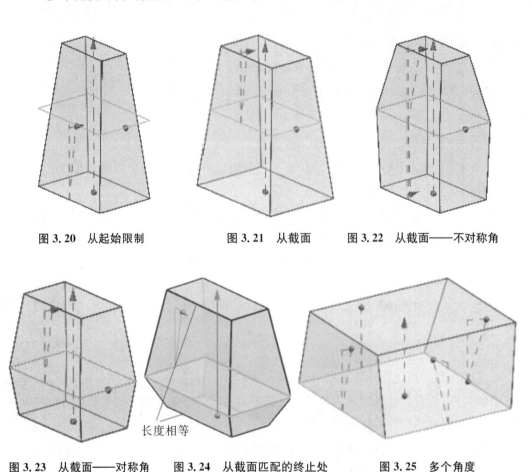

图 3.20　从起始限制　　　图 3.21　从截面　　图 3.22　从截面——不对称角

图 3.23　从截面——对称角　　图 3.24　从截面匹配的终止处　　图 3.25　多个角度

#### 6. 偏置

设置偏置的开始、终点值，以及单侧、双侧、对称的偏置类型。在开始和结束框中或在它们的动态输入框中输入偏置值。还可以拖动偏置手柄。

（1）无：不创建任何偏置。

（2）单侧：只有封闭、连续的截面曲线，该项才能使用。只有终点偏置值，形成一个偏置的实体，如图 3.26 所示。

（3）两侧：偏置为开始、终点两条边。偏置值可以为负值。如图 3.27 所示。

（4）对称：向截面曲线两个方向偏置，偏置值相等，如图 3.28 所示。

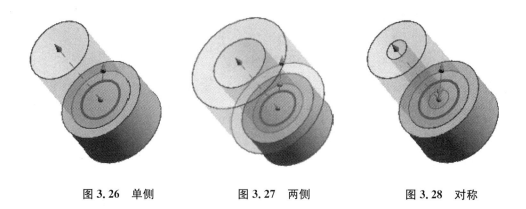

图 3.26 单侧　　　　　图 3.27 两侧　　　　　图 3.28 对称

**7. 设置**

可指定拉伸特征为一个或多个片体或实体。要获得实体，必须为封闭轮廓截面或带有偏置的开放轮廓截面。使用偏置时无法创建片体。

# 3.4 回 转 特 征

回转特征将截面曲线沿指定轴旋转一定角度，以生成实体或片体。

执行"插入"｜"设计特征"｜"回转"命令（或单击"特征"工具栏中的"回转"按钮），进入"回转"对话框，如图 3.29 所示。

图 3.29 "回转"对话框

对话框中常用选项说明如下：

（1）截面：选择曲线、边、草图或面进行回转。

（2）轴：指定矢量作为旋转轴，可以使用曲线或边来指定轴。

（3）极限：限制回转体的相对两端，绕旋转轴从 0°到 360°。

① 值：设置旋转角度值。

② 直至选定对象：指定作为回转的起始或终止位置的面、实体、片体或相对基准平面。

（4）偏置：使用此选项可创建回转特征的偏置。可以分别指定截面每一侧的偏置值。

① 无：不创建任何偏置。

② 两侧：向回转截面的两侧添加偏置。选择此项将显示偏置的起始和终止框，从中可以键入偏置值。添加偏置前后的效果如图 3.30 所示。

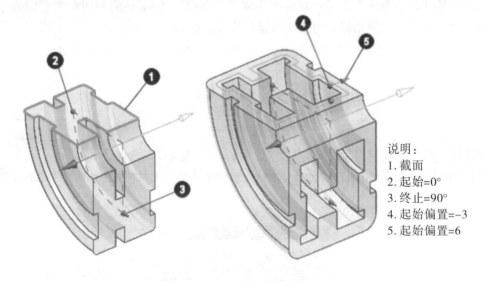

说明：
1. 截面
2. 起始=0°
3. 终止=90°
4. 起始偏置=-3
5. 起始偏置=6

图 3.30　"两侧"示例

# 3.5　抽　　壳

该命令根据指定壁厚值，将实体的一个或多个表面去除，从而掏空实体内部。该命令常用于塑料或铸造零件中，可以把零件内部掏空，使零件的厚度变薄，从而节省材料。

在菜单栏选择"插入"|"偏置"|"缩放"|"抽壳"命令（或单击"特征"工具条中的 图标），弹出"抽壳"对话框，如图 3.31 所示。

系统提供了"移除面，然后抽壳"和"对所有面抽壳"两种方式：

（1）"移除面，然后抽壳"：是指选取一个面作为抽壳面，选取的面为开口面，和内部实体一起被移除，剩余的面为以指定厚度值形成的薄壁，如图 3.31 所示。

　　(2)"对所有面抽壳":是指按照某个指定厚度值,在不穿透实体表面的情况下挖空实体,即可创建中空的实体,如图 3.32 所示。

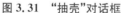

图 3.31　"抽壳"对话框

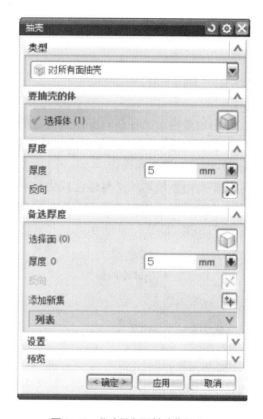

图 3.32　"对所有面抽壳"方式

　　对话框中常用选项说明如下:

　　(1)要穿透的面:仅当类型为"移除面,然后抽壳"时显示。用于从要抽壳的体中选择一个或多个面。如果有多个体,则所选的第一个面将决定要抽壳的体。

　　(2)要抽壳的体:仅当类型为"对所有面抽壳"时显示。用于选择要抽壳的体。

　　(3)厚度:为壳设置壁厚。可以拖动厚度手柄,或者在厚度输入框或对话框中键入值。要更改各单个壁厚,可使用备选厚度组中的选项。

　　(4)备选厚度:用于选择厚度集的面。可以对每个面集中的所有面指派统一厚度值。

　　(5)设置。

　　相切延伸面:延伸相切面,并且不为选定要移除且与其他面相切的面的边创建边面。

　　在相切边延伸支撑面:在偏置体中的面之前,先处理选定要移除并与其他面相切的面。这将沿光顺的边界边创建边面。如果选定要移除的面都不与不移除的面相切,选择此选项将没有作用。

# 3.6　细　节　特　征

## 3.6.1　倒斜角

倒斜角是指对已存在的实体沿指定的边进行倒角操作,又称倒角或去角特征。在产品设计中使用广泛,通常当产品的边或棱角过于尖锐时,为避免造成擦伤,需要对其进行必要的修剪,即执行倒斜角操作。

倒斜角时系统增加材料还是减去材料取决于边缘类型。对于外边缘(凸)是减去材料,对于内边缘(凹)是增加材料。不论是增加材料还是减去材料,都缩短了相交于所选边缘的两个面的长度,如图 3.33 所示。

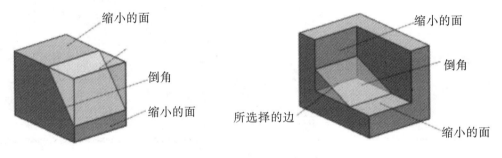

**图 3.33　内边缘、外边缘倒角**

选择"插入"|"细节特征"|"倒斜角"命令(或单击"特征"工具栏中的"倒斜角"按钮),打开"倒斜角"对话框,如图 3.34 所示。

**图 3.34　"倒斜角"对话框**

倒斜角类型分为 3 种:对称、非对称、偏置和角度。

(1) 对称:创建一个简单倒斜角,在所选边的每一侧有相同的偏置距离,如图 3.35 所示。

(2) 非对称:创建一个倒斜角,在所选边的每一侧有不同的偏置距离,如图 3.36 所示。

(3) 偏置和角度:创建具有单个偏置距离和一个角度的倒斜角,如图 3.37 所示。

图 3.35　对称

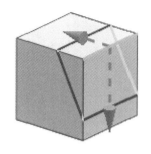

图 3.36　非对称

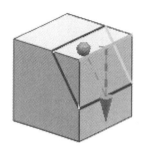

图 3.37　偏置和角度

## 3.6.2　边倒圆

边倒圆特征是用指定的倒圆尺寸将实体的边缘变成圆柱面或圆锥面,倒圆尺寸为构成圆柱面或圆锥面的半径。边倒圆分为等半径倒圆和变半径倒圆。

选择"插入"|"细节特征"|"边倒圆"命令(或单击"特征"工具栏中的"边倒圆"按钮),出现"边倒圆"对话框,如图 3.38 所示。

图 3.38　"边倒圆"对话框

对话框中常用选项说明如下：

**1. 要倒圆的边**

选择边：为边倒圆选择边。

**2. 可变半径点**

可以通过向边倒圆添加具有不重复半径值的点来创建可变半径圆角。如图 3.39 所示为添加的 6 个可变半径点及倒圆后效果。

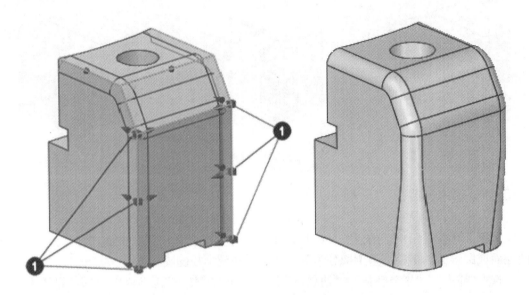

图 3.39 "可变半径点"示例

**3. 拐角倒角**

可以通过向拐角添加缩进点并调节其与拐角顶点的距离，来更改拐角的形状。如图 3.40 所示为应用"拐角倒角"前后的对比。

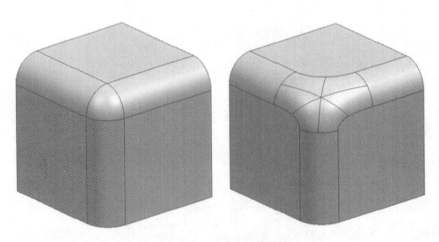

图 3.40 "拐角倒角"示例

**4. 拐角突然停止**

使某点处的边倒圆在边的末端突然停止。如图 3.41 所示。

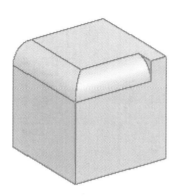

**图 3.41　"拐角突然停止"示例**

**5. 修剪**

可将边倒圆修剪成手动选定的面或平面,而不是软件通常使用的默认修剪面。如图 3.42所示为使用"修剪"前后的对比,左图是由系统默认的修剪面 2 创建的倒圆 1,右图为使用"修剪"选项选定 3 为修剪面的效果。

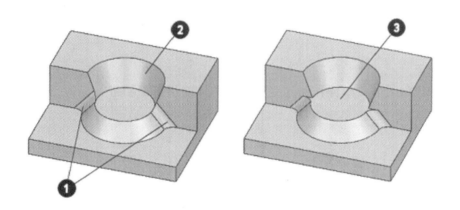

**图 3.42　"修剪"示例**

## 3.3.3　拔模

该命令是将实体表面沿指定的拔模方向倾斜一定角度。注塑件和铸件一般都需要一定的拔模斜度才能顺利脱模。

在菜单栏中选择"插入"│"细节特征"│"拔模"命令(或单击"特征"工具条中的"拔模"按钮),弹出"拔模"对话框,如图 3.43 所示。

拔模类型分为"从平面""从边""与多个面相切"和"至分型边"四种方式,这里重点介绍前两种,对话框分别如图 3.43 和图 3.44 所示。

图 3.43 "从平面"拔模　　　　　　　　图 3.44 "从边"拔模

### 1. 从平面

用于指定固定面,拔模操作对固定平面处的体的横截面不进行任何更改,如图 3.45 所示。

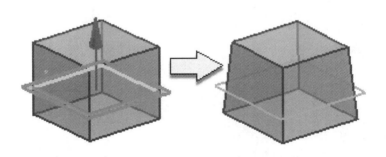

图 3.45 "从平面"方式拔模

对话框中常用选项说明如下:

(1) 脱模方向

用于指定脱模方向。一般脱模方向是模具或冲模为了与部件分离而移动的方向。系统根据输入几何体自动判断脱模方向。单击鼠标中键接受默认值,也可以指定其他方向。对于"从边"方式拔模,该选项意义相同。

(2) 固定面

选择平面 ⊞ ▢:用于指定或创建垂直于脱模方向并经过指定点的固定面。

（3）要拔模的面

选择面⬚:用于选择要拔模的面。

角度:为定义的每个集指定拔模角。

**2. 从边**

用于指定所选的边集作为固定边,并指定拥有这些边且要以指定的角度拔模的面。当需要固定的边不包含在垂直于方向矢量的平面中时,此选项很有用。如图 3.46 所示。

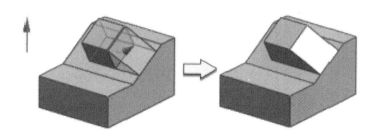

**图 3.46　"从边"方式拔模**

对话框中常用选项说明如下:

（1）固定边

选择边⬚:用于选择固定边。

反侧⬚:用于在拔模方向反向时反转固定面的一侧。

（2）可变拔模点

指定点⬚:用于在固定边上选择点以指定变化的拔模角。可为所指定的每个参考点输入不同角度。

可变角:为定义的每个集指定可变的拔模角。

位置:指定可变角点沿目标边的位置。可以指定边的百分比(弧长百分比)或沿边的显式距离(弧长)。

# 3.7　孔

该命令用于在实体上生成一个常规孔、钻形孔、螺钉间隙孔等孔特征。

在菜单栏中选择"插入"|"设计特征"|"孔"命令(或单击"特征"工具条中的⬚按钮),弹出"孔"对话框,如图 3.47 所示。

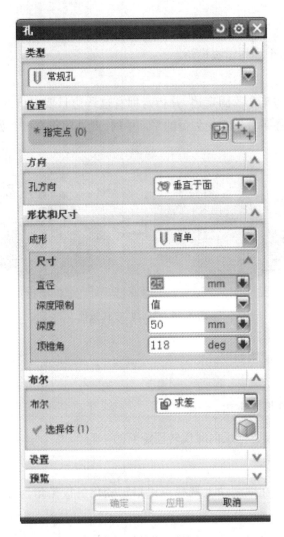

**图 3.47 "孔"对话框**

对话框中常用选项说明如下：

**1. 类型**

常规孔：创建指定尺寸的简单孔、沉头孔、埋头孔或锥孔特征。常规孔的类型包括盲孔、通孔、直至选定对象或直至下一个。

钻形孔：使用 ANSI 或 ISO 标准创建简单钻形孔特征。

螺钉间隙孔：创建简单、沉头或埋头通孔，它们是为具体应用而设计的，例如螺钉的间隙孔。

螺纹孔：创建螺纹孔，其尺寸标注由标准、螺纹尺寸和径向进刀定义。

孔系列：创建起始、中间和结束孔尺寸一致的多形状、多目标体的对齐孔。使用 JIS 标准创建孔系列时，尺寸值依据 JIS_B_1001_1985 标准。

**2. 位置**

指定点：指定孔中心的位置。

### 3. 方向

方向用于指定孔方向。

垂直于面:沿着与公差范围内每个指定点最近的面法向的反向定义孔的方向。

沿矢量:沿指定的矢量定义孔方向。可以使用指定矢量中的选项来指定矢量,即矢量构造器 或自动判断的矢量 中的列表。

### 4. 形状和尺寸

形状和尺寸用来指定孔特征的形状。

（1）成形

简单:创建具有指定直径、深度和尖端顶锥角的简单孔。如图 3.48 所示。

沉头:创建具有指定直径、深度、顶锥角、沉头直径和沉头深度的沉头孔。如图 3.49 所示。

埋头:创建有指定直径、深度、顶锥角、埋头直径和埋头角度的埋头孔。如图 3.50 所示。

锥形:创建具有指定锥角和直径的锥孔。如图 3.51 所示。

图 3.48　简单孔

图 3.49　沉头孔

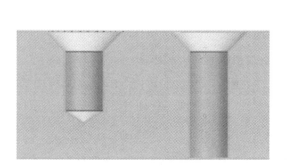

图 3.50　埋头孔

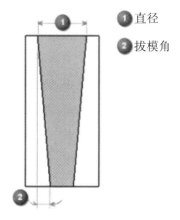

图 3.51　锥形孔

（2）螺钉类型

在类型设置为螺钉间隙孔时可用。螺钉类型列表中可用的选项取决于将形状设置为简单孔、沉头孔还是埋头孔。

（3）螺钉尺寸

在类型设置为螺钉间隙孔时可用。为用于创建螺钉间隙孔特征的选定螺钉类型指定螺钉尺寸。

（4）大小

在类型设置为钻形孔时可用。指定用于创建钻形孔特征的钻孔尺寸。

（5）拟合

在类型设置为钻形孔或螺钉间隙孔时可用。指定孔所需的配合类型（接近、正常、宽松、精确或定制）。

**5. 尺寸**

沉头直径：在形状设置为沉头时可用。指定沉头直径，孔的沉头部分的直径必须大于孔径。

沉头深度：在形状设置为沉头时可用。指定沉头深度。

埋头直径：在形状设置为埋头时可用。指定埋头直径，埋头直径必须大于孔径。

埋头角度：在形状设置为埋头时可用。指定孔的埋头部分中两侧之间的夹角，必须大于$0°$且小于$180°$。

直径：指定孔径。

# 3.8　螺　　纹

螺纹用于在具有圆柱面的特征上创建符号螺纹或详细螺纹。这些特征包括孔、圆柱、凸台以及圆周曲线扫掠产生的减去或增添部分。可以创建符号螺纹或详细螺纹。所创建的螺纹是外螺纹还是内螺纹由选中面的法线自动确定。

螺纹在机械工程中使用广泛，主要起联接和传递动力等作用。

在菜单栏中选取"插入"｜"设计特征"｜"螺纹"命令（或单击"特征"工具栏中的"螺纹"按钮），打开"螺纹"对话框，如图3.52所示。

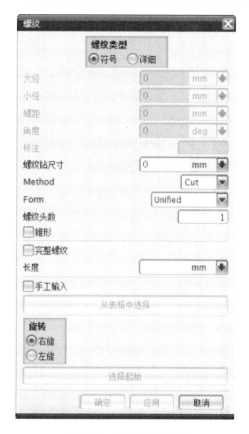

图 3.52　"螺纹"对话框

对话框中常用选项说明如下：

**1. 螺纹类型**

符号：符号螺纹以虚线圆的形式显示在要攻螺纹的一个或多个面上。符号螺纹使用外部螺纹表文件(可以根据特定螺纹要求来定制这些文件)，以确定默认参数。符号螺纹一旦创建就不能复制或引用，但在创建时可以创建多个副本和可引用副本。符号螺纹的示例如图 3.53 所示。

详细：详细螺纹看起来更真实，如图 3.54 所示。但由于其几何形状及显示的复杂性，创建和更新的时间都要长得多。详细螺纹使用内嵌的默认参数表，可以在创建后复制或引用。详细螺纹是完全关联的，如果特征被修改，螺纹也相应更新。可以选择生成部分关联的符号螺纹，或指定固定的长度。部分关联是指如果螺纹被修改，则特征将更新(但反过来则不行)。

**2. 大径**

螺纹的最大直径。对于符号螺纹，提供默认值的是螺纹表。对于内螺纹，这个直径必须大于圆柱面直径。仅当手工输入选项打开时才能在此字段中为符号螺纹输入值。

**3. 小径**

螺纹的最小直径。对于符号螺纹，提供默认值的是螺纹表。对于外螺纹，直径必须小于圆柱面的直径。仅当手工输入选项打开时才能在此字段中为符号螺纹输入值。

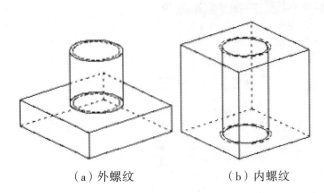

（a）外螺纹　　　　　（b）内螺纹

图 3.53　符号螺纹

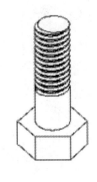

图 3.54　详细螺纹

**4. 螺距**

从螺纹上某一点到下一螺纹的相应点之间的距离，平行于轴进行测量。对于符号螺纹，提供默认值的是螺纹表。仅当手工输入选项打开时才能在此字段中为符号螺纹输入值。

**5. 角度**

螺纹的两个面之间的夹角，在通过螺纹轴的平面内测量。对于符号螺纹，提供默认值的是螺纹表。仅当手工输入选项打开时才能在此字段中为符号螺纹输入值。

**6. 标注**

引用为符号螺纹提供默认值的螺纹表条目。当"螺纹类型"为"详细"时，此选项不出现；或者对于符号螺纹而言，如果手工输入选项打开，此选项也不出现。

**7. 轴尺寸｜螺纹钻尺寸**

对于外部符号螺纹，会出现轴尺寸；对于内部符号螺纹，会出现螺纹钻尺寸。

**8. 方法**

定义螺纹加工方法，如碾轧、切削、磨削或铣削。选项可以由用户在用户默认设置中定义，也可以不同于这里的例子。此选项仅对符号螺纹类型显示。

**9. 牙型**

确定使用哪个查找表来获取参数默认值。"牙型"选项的示例包括统一、公制、梯形和偏齿等。选项可以由用户在用户默认设置中定义，也可以不同于这里的例子。此选项仅对符号螺纹类型显示。

**10. 螺纹头数**

用于指定要创建单头螺纹还是多头螺纹。当"螺纹类型"为"详细"时，此选项不出现。

**11. 锥形**

如果此选项为"开"，则符号螺纹带锥度。当"螺纹类型"为"详细"时，此选项不出现。

**12. 完整螺纹**

如果此选项为"开"，则当圆柱的长度更改时符号螺纹将更新。当"螺纹类型"为"详细"时，此选项不出现。

**13. 长度**

所选起始面到螺纹终端的距离，平行于轴进行测量。对于符号螺纹，提供默认值的是螺纹表。

### 14. 手工输入

在创建符号螺纹的过程中可打开此选项,用于为某些选项输入值,否则这些值由螺纹表提供。当此选项打开时,"从表格中选择"选项将关闭。如果在符号螺纹创建期间此选项关闭,则"大径""小径""螺距和角度"参数值取自螺纹表,用户不能在这些字段中手工输入任何值。由系统为这些参数创建的表达式具有限制性,即使是通过表达式对话框,也不能更改它们(但仍能编辑这些表达式,方法是首先在"编辑"|"参数"下选择符号螺纹特征,然后关闭"手工输入"选项)。加进这一级保护是为了保持从螺纹表中取得的都是标准值。当"螺纹类型"为"详细"时,"手工输入"选项不出现。

### 15. 从表格中选择

对于符号螺纹,此选项用于从螺纹表中选择标准螺纹表条目。当"螺纹类型"为"详细"时,此选项不出现。

### 16. 包含实例

如果选中的面属于一个实例阵列,则此选项用于将螺纹应用到其他实例上。这样做时最好将螺纹添加到主特征,而不要添加到引用的特征之一。这样一来,如果以后阵列参数有变化,则此螺纹将在实例集中总是保持可见。当"螺纹类型"为"详细"时,此选项不出现。

### 17. 旋转

用于指定螺纹为右旋还是左旋。在轴向朝螺纹的一端观察时,右旋螺纹是按顺时针、后退方向缠绕的;左旋螺纹是按逆时针、后退方向缠绕的。如图 3.55 所示。

### 18. 选择起始

用于通过在实体或基准平面上选择平的面,为符号螺纹或详细螺纹指定新的起始位置。螺纹轴反向用于指定相对于起始平面切削螺纹的方向。在起始条件下,从起始处延伸会使系统生成的完整螺纹超出起始平面,不延伸将导致系统在起始平面处开始生成螺纹。如图 3.56 所示。

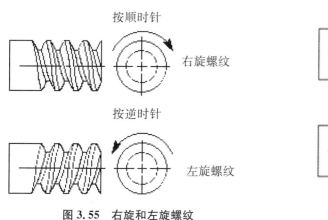

图 3.55  右旋和左旋螺纹

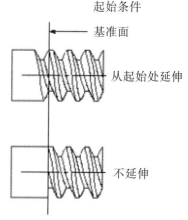

图 3.56  选择起始含义

# 3.9　关　联　复　制

## 3.9.1　对特征形成图样

使用"对特征形成图样"命令可创建特征的阵列（线性、圆形、多边形等），并可通过各种选项来定义阵列边界、实例方位、旋转方向和变化。

在菜单栏中选取"插入"｜"关联复制"｜"对特征形成图样"命令（或单击"特征"工具栏中的"对特征形成图样"按钮），打开"对特征形成图样"对话框，如图 3.57 所示。

**图 3.57　"对特征形成图样"对话框**

对话框中常用选项说明如下：

**1. 要形成图样的特征**

选择特征 🔧 : 用于选择一个或多个要阵列的特征。

**2. 参考点**

指定点 ⊞ ┐ ▼ : 用于为输入特征指定位置参考点。

**3. 阵列定义**

（1）布局

设置阵列布局。有 7 个可用的布局,如表 3.1 所示。

表 3.1　布局选择说明

| 布局 | 说　明 |
| --- | --- |
| ⠿ | 线性:使用一个或两个方向定义布局 |
| ◯ | 圆形:使用旋转轴和可选径向间距参数定义布局 |
| ⬡ | 多边形:使用正多边形和可选径向间距参数定义布局 |
| ◉ | 螺旋式:使用螺旋路径定义布局 |
| ➶ | 沿:定义一个跟随连续曲线链和(可选)第二条曲线链或矢量的布局 |
| ⠿ | 常规:使用由一个或多个目标点或坐标系定义的位置来定义布局 |
| ⠿ | 参考:使用现有阵列定义布局 |

（2）边界定义

当布局设置为"沿""常规"或"参考"时不可用。

无:不定义边界。阵列不会限制为边界。

面:用于选择面的边、片体边或区域边界曲线来定义阵列边界。

曲线:用于通过选择一组曲线或创建草图来定义阵列边界。

排除:用于通过选择曲线或创建草图来定义从阵列中排除的区域。

（3）图样增量

图样增量 ▦ :打开图样增量对话框,可在其中定义要随着图样数量的增长而应用到实例的增量。

（4）实例点

选择实例点 ✛ :用于选择表示要创建的布局、阵列定义和实例方位的点。可使用选择条上的"捕捉点"选项来过滤点选择。

使用电子表格▨：当布局设置为"参考"时不可用。用于编辑阵列定义参数，包括仅在电子表格中可用的任何阵列变化设置。确认值之后，对话框中将重新显示这些值并更新几何体。

（5）方位

当布局设置为"参考"时不可用。确定布局中的阵列特征是保持恒定方位还是跟随某些定义几何体派生的方位。

与输入相同：将阵列特征定向到与输入特征相同的方位，如图 3.58 所示。

遵循图样：将阵列特征定向为跟随布局的方位，如图 3.59 所示。

垂直于路径：根据所指定路径的法向或投影法向来定向阵列特征。当布局设置为"沿"时可用，如图 3.60 所示。

CSYS 到 CSYS：当布局设置为"沿""常规"或"参考"时不可用。根据指定的 CSYS 定向阵列特征，如图 3.61 所示。

跟随面：当布局设置为"沿"或"参考"时不可用。保持与实例位置处所指定面垂直的阵列特征的方位，指定的面必须在同一个体上，如图 3.62 所示。

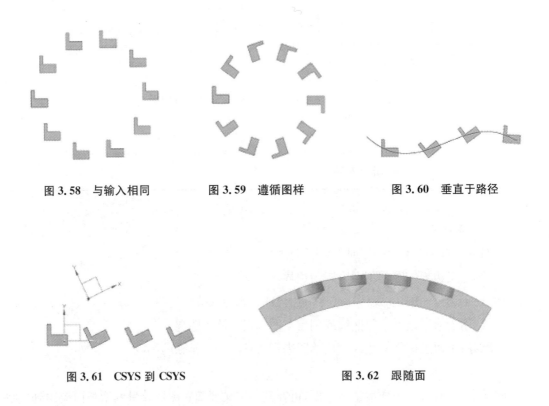

图 3.58　与输入相同　　　　图 3.59　遵循图样　　　　图 3.60　垂直于路径

图 3.61　CSYS 到 CSYS　　　　　图 3.62　跟随面

**4. 图样形成方法**

变化：支持将多个特征作为输入以创建阵列特征对象，并评估每个实例位置处的输入。

简单：支持将单个特征作为输入以创建阵列特征对象，只对输入特征进行有限评估。

### 3.9.2　镜像特征

使用镜像特征命令可镜像某个体内的一个或多个特征,用于构建对称部件。

在菜单栏中选取"插入"|"关联复制"|"镜像特征"命令(或单击"特征"工具栏中的"镜像特征"按钮),打开"镜像特征"对话框,如图 3.63 所示。

**图 3.63　"镜像特征"对话框**

对话框中常用选项说明如下:

**1. 特征**

选择特征 :用于选择部件中要镜像的特征。

相关特征:添加相关特征。

添加体中的全部特征:包括所选特征的原体上的所有特征。

**2. 镜像平面**

现有平面:用于选择现有平面、基准平面或平的面。

新平面:用于指定新平面。

## 3.10　设 计 实 例

### 3.10.1　涡轮轴设计

根据如图 3.64 所示涡轮轴零件图设计其三维实体。

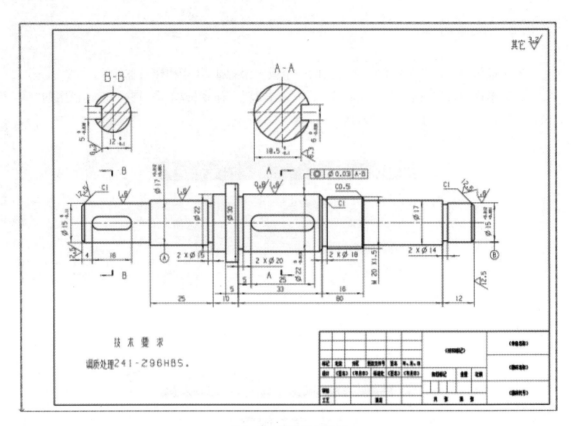

图 3.64　蜗轮轴零件图

操作步骤如下：

**1. 新建文件**

选择菜单中的"文件"｜"新建"命令，或选择 （创建一个新的文件）按钮，系统出现"新建"对话框，在"名称"栏中输入"wlz"，在"单位"下拉框中选择"毫米"，单击 确定 按钮，创建一个名为"wlz. prt"、单位为"毫米"的文件，并自动启动"建模"应用程序。

**2. 显示工作坐标系**

单击"实用工具"工具条中的 （显示 WCS）按钮，显示工作坐标系。

**3. 创建圆柱体**

选择主菜单中的"插入"｜"设计特征"｜"圆柱体"命令，或在"特征"工具条上单击 （圆柱体）按钮，系统打开"圆柱"对话框，如图 3.65 所示。在"类型"下拉列表框中选择"轴、直径和高度"选项，在"指定矢量（1）"下拉菜单中选择 （－YC 轴）选项，在"直径"文本框中输入"15"，在"高度"文本框中输入"12"，其余参数按默认设置。单击 应用 按钮，创建圆柱体 1，如图 3.66 所示。

图 3.65 "圆柱"对话框

图 3.66 创建的圆柱体 1

同上继续创建圆柱体 2，在"类型"下拉列表框中选择"轴、直径和高度"选项，在"指定矢量（1）"下拉菜单中选择（YC 轴）选项，在"直径"文本框中输入"17"，在"高度"文本框中输入"31"，在"指定点"选项中选择上一步绘制的圆柱体左端面的圆心为要创建圆柱中心的起始点，如图 3.67 所示。在"布尔"下拉列表框中选择"求和"选项，单击 应用 按钮，结果如图 3.68 所示。

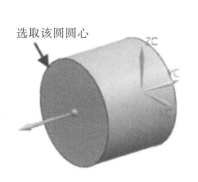

选取该圆圆心

图 3.67 选取圆心

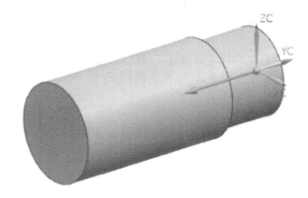

图 3.68 创建圆柱体 2

同上继续创建圆柱体 3，在上一步绘制的圆柱体左端绘制一个直径为 20 mm、高为 16 mm 的圆柱体并求和，结果如图 3.69 所示。

同上继续创建圆柱体 4，在上一步绘制的圆柱体左端绘制一个直径为 22mm、高为 33 mm 的圆柱体并求和，结果如图 3.70 所示。

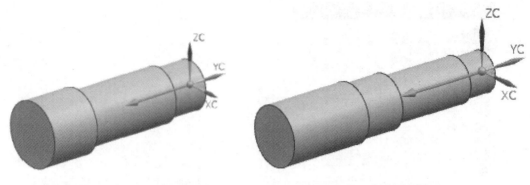

　　图 3.69　创建圆柱体 3　　　　　　　　　　图 3.70　创建圆柱体 4

　　同上继续创建圆柱体 5,在上一步绘制的圆柱体左端绘制一个直径为 30 mm、高为5 mm 的圆柱体并求和,结果如图 3.71 所示。

　　同上继续创建圆柱体 6,在上一步绘制的圆柱体左端绘制一个直径为 22 mm、高为5 mm 的圆柱体并求和,结果如图 3.72 所示。

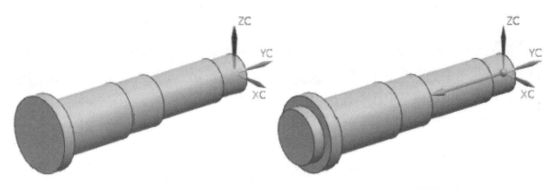

　　图 3.71　创建圆柱体 5　　　　　　　　　　图 3.72　创建圆柱体 6

　　同上继续创建圆柱体 7,在上一步绘制的圆柱体左端绘制一个直径为 17 mm、高为 25 mm 的圆柱体并求和,结果如图 3.73 所示。

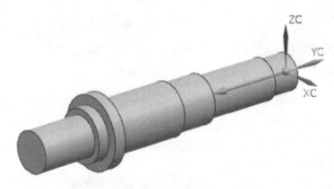

　　图 3.73　创建圆柱体 7

同上继续创建圆柱体8,在上一步绘制的圆柱体左端绘制一个直径为15 mm、高为27 mm的圆柱体并求和,结果如图3.74所示。

在"圆柱"对话框中单击 确定 按钮,关闭"圆柱"对话框,结束所有圆柱体的创建。

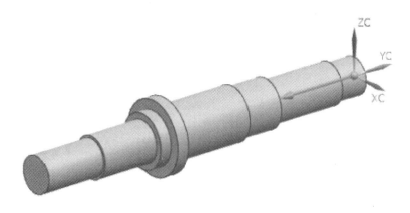

**图3.74 创建圆柱体8**

### 4. 创建槽特征

选择主菜单中的"插入"|"设计特征"|"槽"命令,或在"特征"工具条上单击 ▓(开槽)按钮,系统打开"槽"对话框,如图3.75所示。在"槽"对话框中选择 矩形 按钮,系统打开如图3.76所示的"矩形槽"对话框,此时可在"名称"下的文本框中输入矩形槽放置面的名称,或者在绘图区直接选取一个放置矩形槽的面;选取如图3.77所示的圆柱面为放置面,系统又打开一个"矩形槽"对话框,在"槽直径"文本框中输入"15",在"宽度"文本框中输入"2",如图3.78所示。单击 确定 按钮,系统打开如图3.79所示"定位槽"对话框。按如图3.80所示选取目标边和工具边,接着系统打开如图3.81所示"创建表达式"对话框,在其文本框中输入"0",单击 确定 按钮完成第一个槽特征的创建,如图3.82所示。

**图3.75 "槽"对话框**

**图3.76 "矩形槽"对话框**

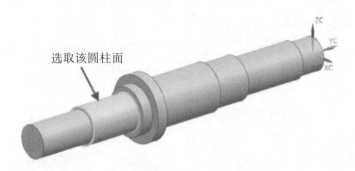

图 3.77　选取矩形槽放置面

图 3.78　"矩形槽"对话框

图 3.79　"定位槽"对话框

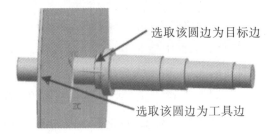

图 3.80　选取定位的目标边和工具边

图 3.81　"创建表达式"对话框

图 3.82　创建槽特征

同上继续创建其他槽特征,结果如图 3.83 所示。

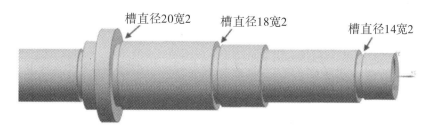

图 3.83 创建其他槽特征

**5. 显示基准坐标系**

选择主菜单"格式"｜"图层设置"命令，系统出现"图层设置"对话框，如图 3.84 所示，勾选 61 层使其可选，将基准坐标系显示出来。

**6. 创建基准面**

选择主菜单中的"插入"｜"基准/点"｜"基准平面"命令，或在"特征"工具条上单击 □ (基准平面)按钮，系统打开"基准平面"对话框，如图 3.85 所示。在绘图区分别选取 XY 基准面和圆柱面，在"角度"选项组"角度"选项文本框中输入"180"，再单击"平面方位"选项组中的 ❂ (备选解)按钮，使创建的基准面与 XY 面平行、与圆柱面相切并位于圆柱的上方，如图 3.86 所示。

**注意** 创建的基准平面为无限大，其显示大小可通过拖动球形控制手柄来调整。

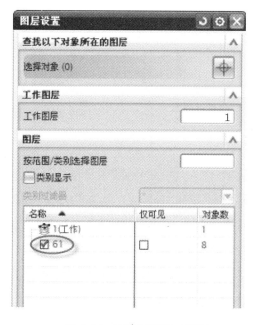

图 3.84 "图层设置"对话框

图 3.85 "基准平面"对话框

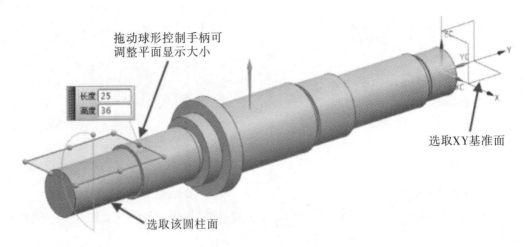

图 3.86　创建基准平面

用同样的方法和步骤创建另一基准面,如图 3.87 所示。

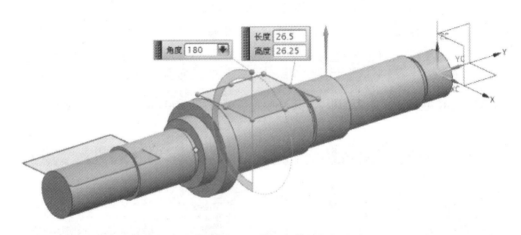

图 3.87　创建第二个基准平面

### 7. 创建第一个键槽特征

选择主菜单中的"插入"|"设计特征"|"键槽"命令,或在"特征"工具条上单击 ▣（键槽)按钮,系统打开"键槽"对话框,如图 3.88 所示;在"键槽"对话框中选择"矩形"选项,单击 确定 按钮,系统打开"矩形键槽"对话框,如图 3.89 所示,此时可在"名称"下的文本框中输入矩形键槽放置面的名称,或者在绘图区直接选取一个放置矩形键槽的面;选取上一步创建的第一个基准面为放置面,在接下来出现的对话框中选取 接受默认边 按钮,系统又打开一个如图 3.90 所示的"水平参考"对话框,在绘图区选取 Y 轴为键槽的水平参考方向,系统又打开"矩形键槽"对话框,按如图 3.91 所示设置键槽参数并单击 确定 按钮。

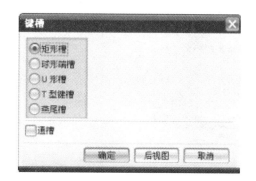

图 3.88 "键槽"对话框

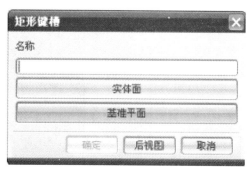

图 3.89 "矩形键槽"对话框

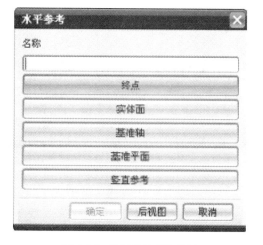

图 3.90 "水平参考"对话框

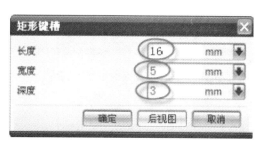

图 3.91 "矩形键槽"对话框

下面的操作用于键槽定位：系统出现如图 3.92 所示"定位"对话框，在其中选取 （水平）按钮，接着系统出现如图 3.93 所示"水平"对话框，按图 3.94 所示选取轴左端的圆弧并在接着出现的如图 3.95 所示的"设置圆弧的位置"对话框中选取 圆弧中心 按钮，于是系统又出现"水平"对话框，系统提示选取定位用的工具边，按图 3.94 所示选取圆弧并在接着出现的"设置圆弧的位置"对话框中选取 相切点 按钮，紧接着系统出现"创建表达式"对话框，如图 3.96所示，在文本框中输入"4"，单击 确定 按钮完成水平方向的定位。

图 3.92 "定位"对话框

图 3.93 "水平"对话框

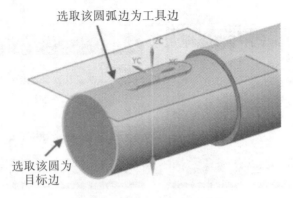

图 3.94　选取目标边和工具边

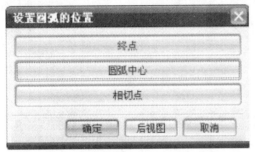

图 3.95　"设置圆弧的位置"对话框

图 3.96　"创建表达式"对话框

接下来继续进行键槽的定位操作：在系统再次出现的"定位"对话框中选取 （线落在线上）按钮，分别选取 Y 轴和如图 3.97 所示的键槽对称线为目标边和工具边，完成第一个键槽的创建，结果如图 3.98 所示。

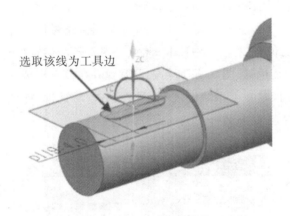

图 3.97　选取工具边

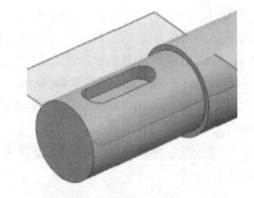

图 3.98　创建的第一个键槽

## 8. 创建第二个键槽特征

选择主菜单中的"插入"｜"设计特征"｜"键槽"命令，或在"特征"工具条上单击 （键槽)按钮,系统打开"键槽"对话框,如图 3.99 所示。在"键槽"对话框中选择"矩形槽"选项,单击 确定 按钮,系统打开"矩形键槽"对话框,如图 3.100 所示。此时可在"名称"下的文本框中输入矩形键槽放置面的名称,或者在绘图区直接选取一个放置矩形键槽的面,选取上一步创建的第二个基准面为放置面,如图 3.101 所示。

接下来出现"选择特征创建方向"对话框,如图 3.102 所示,选取 接受默认边 按钮,系统又打开一个如图 3.103 所示的"水平参考"对话框。在绘图区选取 Y 轴为键槽的水平参考方向,如图 3.104 所示。

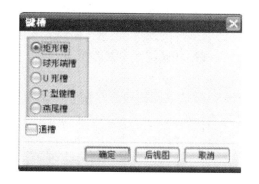

图 3.99　"键槽"对话框

图 3.100　"矩形键槽"对话框

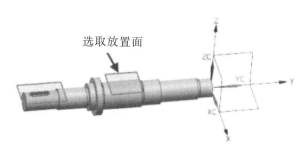

图 3.101　选择放置面

图 3.102　"选择特征创建方向"对话框

图 3.103　"水平参考"对话框

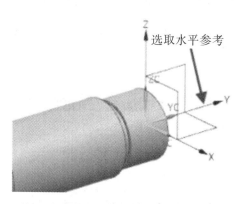

图 3.104　选择水平参考

系统又打开"矩形键槽"对话框，按如图 3.105 所示设置键槽参数并单击 确定 按钮。在系统出现的"定位"对话框中选取 ┠˟┐ （水平）按钮，接着系统出现如图 3.106 所示"水平"对话框。

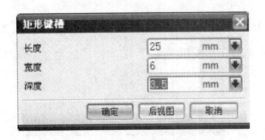

图 3.105　"矩形键槽"对话框

图 3.106　"水平"对话框

系统提示选择水平目标对象，在绘图区按图 3.107 所示选取圆柱边并在接着出现的如图 3.108 所示的"设置圆弧的位置"对话框中选取 圆弧中心 按钮，于是系统又出现"水平"对话框，如图 3.109 所示。

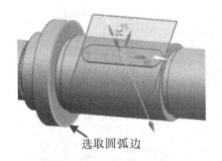

图 3.107　选取目标边和工具边

图 3.108　"设置圆弧的位置"对话框

系统提示选取定位用的刀具边，按图 3.110 所示选取圆弧，接着出现"设置圆弧的位置"对话框，如图 3.111 所示，选取 相切点 按钮，紧接着系统出现"创建表达式"对话框，在其文本框中输入"5"，如图 3.112 所示，单击 确定 按钮完成水平方向的定位。

图 3.109　"水平"对话框

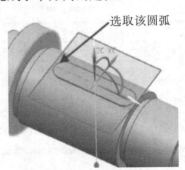

图 3.110　选取刀具边

图 3.111 "设置圆弧的位置"对话框

图 3.112 "创建表达式"对话框

接下来继续进行键槽的定位操作：系统再次返回到"定位"对话框，如图 3.113 所示，选取 ⊥ (线落在线上)按钮，系统出现"线到线"对话框，如图 3.114 所示。系统提示选择目标边/基准，在绘图区选取 Y 轴。系统又返回到"线落在线上"对话框，提示选取工具边，选取如图 3.115 所示的键槽对称线，完成第二个键槽的创建，隐藏基准面和基准坐标系后结果如图 3.116 所示。

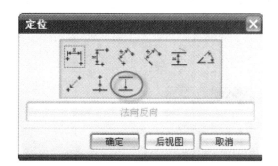

图 3.113 "定位"对话框

图 3.114 "线到线"对话框

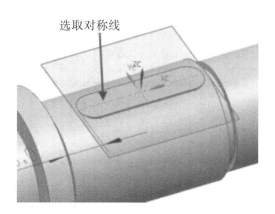

选取对称线

图 3.115 选取工具边

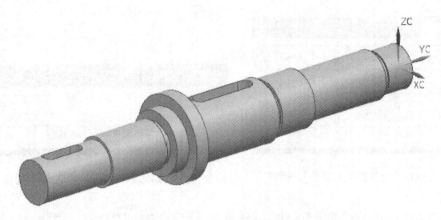

图 3.116　创建键槽特征

**9. 创建倒斜角特征**

选择主菜单中的"插入"│"细节特征"│"倒斜角"命令，或在"特征"工具条上单击 ![按钮]
（倒斜角）按钮，系统出现如图 3.117 所示的"倒斜角"对话框。选择如图 3.118 所示的圆柱
端面圆为要倒斜角的边，在"横截面"下拉列表框中选择"对称"选项，在"距离"文本框中输入
"1"，其余参数按默认设置。单击 确定 按钮，完成倒斜角特征，如图 3.119 所示。

按照同样的方法完成 C0.5 的倒斜角特征。

图 3.117　"倒斜角"对话框

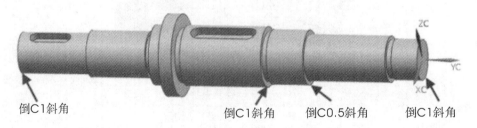

倒C1斜角　　　　　　倒C1斜角　　倒C0.5斜角　　　倒C1斜角

图 3.118　选择要倒斜角的边

图 3.119  创建的倒斜角特征

**10. 创建螺纹特征**

选择主菜单中的"插入"│"设计特征"│"螺纹"命令,或在"特征"工具条上单击▓(螺纹)按钮,系统出现如图 3.120 所示的"螺纹"对话框。在图形中选择如图 3.121 所示的圆柱面为螺纹放置面。

图 3.120  "螺纹"对话框

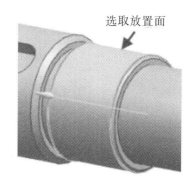

图 3.121  选取放置面

系统出现另一"螺纹"对话框,如图 3.122 所示,提示选取螺纹的起始面,在图形区选取如图 3.123 所示的圆环面。

图 3.122  "螺纹"对话框

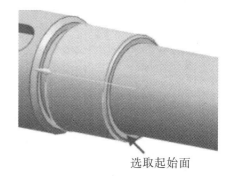

图 3.123  选取起始面

　　系统返回到"螺纹"对话框,如图 3.124 所示,提示是否修改螺纹轴方向,在"螺纹"对话框中单击 确定 按钮,接受默认的方向。系统返回到如图 3.120 所示"螺纹"对话框,按图示设置选项和螺纹参数,单击 确定 按钮完成螺纹特征的创建,结果如图 3.125 所示。

图 3.124 "螺纹"对话框

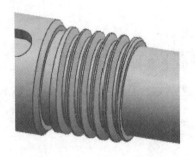

图 3.125 创建螺纹特征

### 11. 保存文件

按指定路径保存文件。

## 3.10.2 带轮设计

　　根据如图 3.126 所示带轮零件图设计其三维实体。

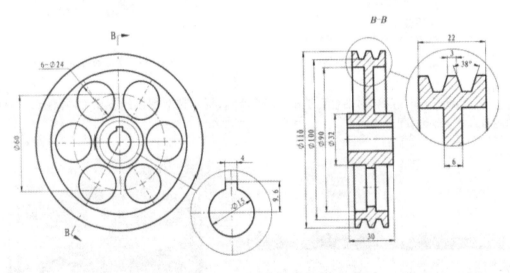

图 3.126 带轮零件图

　　操作步骤如下:

### 1. 新建文件

选择菜单中的"文件"|"新建"命令,或选择 □(创建一个新的文件)按钮,系统出现"新

建"对话框,在"名称"栏中输入"dl",在"单位"下拉框中选择"毫米",单击 **确定** 按钮,创建一个名为"dl.prt"、单位为"毫米"的文件,并自动启动"建模"应用程序。

**2. 显示基准坐标系**

选择主菜单中的"格式"|"图层设置"命令,系统出现"图层设置"对话框,勾选61层使其可选,将基准坐标系显示出来。

**3. 创建草图一**

(1) 选择菜单中的"插入"|"任务环境中的草图"命令,或单击"特征"工具条上的 按钮,系统弹出"创建草图"对话框,如图3.127所示;在"平面方法"下拉列表中选择"现有平面",在基准坐标系中选取XY基准平面,单击"确定"按钮,进入草图绘制模式并启动"轮廓"命令。

(2) 在"草图工具"工具条中关闭默认开启的按钮 (自动判断尺寸),在"轮廓"浮动工具条中选择 (直线)按钮,按照图3.128所示绘制20条首尾相连的直线,注意使直线1、3、5、7、9、11、13、15、17和19水平,直线2、4、6、16、18和20竖直,直线8、10、12和14倾斜。

**图3.127 "创建草图"对话框**

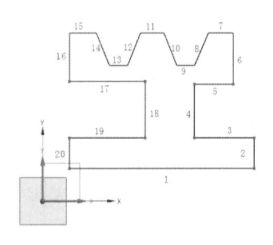

**图3.128 绘制直线**

(3) 添加几何约束。在"草图工具"工具条中选择 (约束)按钮,在草图中选择直线20与基准轴Z,草图左上角出现"约束"浮动工具条,在其中选择 (共线)按钮,约束其共线,用同样的方法约束直线3与19共线,5与17共线,9与13共线,7、11与15共线;接着选择直线9与13,在"约束"浮动工具条中选择 (等长)按钮,约束其等长,用同样的方法约束直线7与15等长,5与17等长,3与19等长,8与10等长;接着选择直线8与12,在"约束"浮动工具条中选择 (平行)按钮,约束其平行,用同样的方法约束直线10与14平行。添加全部几何约束后如图3.129所示。

(4) 添加尺寸约束。在"草图工具"工具条中选择 (自动判断的尺寸)按钮,按照图3.130所示的尺寸进行标注,p13=7.5,p14=16,p15=45,p16=50,p17=55,p18=6,p19=3,p20=38,p21=30,p22=22,p23=7,此时草图曲线全部转换成绿色,表示已经完全约束。

(5) 在"草图生成器"工具条中选择 按钮,系统回到建模界面。

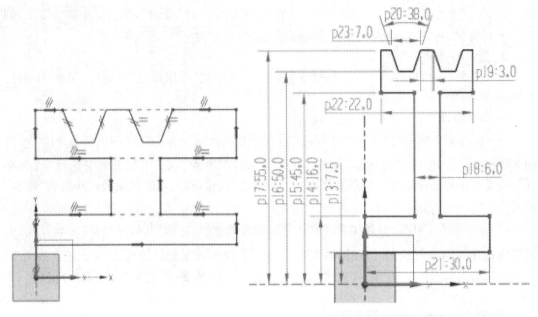

图 3.129　添加几何约束　　　　　　　　图 3.130　添加尺寸约束

### 4. 创建回转特征

选择菜单中的"插入"|"设计特征"|"回转"命令,或单击"特征"工具条上的 （回转）按钮,系统弹出"回转"对话框,如图 3.131 所示;选取草图一为回转截面,选取基准轴 X 为回转轴,其余选项按系统默认设置,单击 确定 按钮,完成回转特征的创建,如图 3.132 所示。

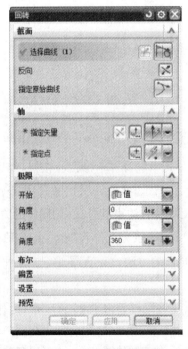

图 3.131　"回转"对话框　　　　　　图 3.132　创建回转特征

**5. 隐藏草图一**

在图形中选择草图一,单击鼠标右键,在弹出的快捷菜单中选取"隐藏"命令将草图一隐藏。

**6. 创建草图二**

(1) 选择菜单中的"插入"|"草图"命令,或单击"特征"工具条上的 (草图)按钮,系统弹出"创建草图"对话框,在"平面选项"下拉列表中选择"现有的平面",在绘图区选择 YZ 平面,单击"确定"按钮,进入草图绘制模式并启动"轮廓"命令。

(2) 关闭"轮廓"浮动工具条和默认开启的按钮 (连续自动标注尺寸),在"草图工具"工具条中选择 (矩形)按钮,按照图 3.133 所示绘制一个矩形。

(3) 添加几何约束。在"草图工具"工具条中选择 (约束)按钮,在草图中选择矩形的上面那条边与原点(基准点),草图左上角出现"约束"浮动工具条,在其中选择 (中点)按钮,约束矩形边的中点与原点竖直对中,如图 3.134 所示。

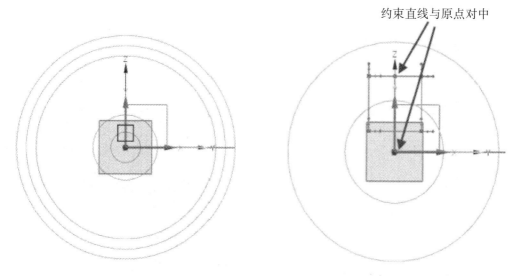

图 3.133 绘制矩形        图 3.134 添加几何约束

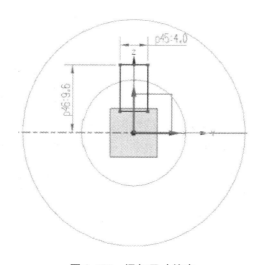

图 3.135 添加尺寸约束

（4）添加尺寸约束。在"草图工具"工具条中选择（自动判断的尺寸）按钮，按照图 3.135所示的尺寸进行标注，p45＝4，p46＝9.6。

（5）在"草图生成器"工具条中选择 元成草图 按钮，系统回到建模界面。

**7. 创建拉伸特征**

选择菜单中的"插入"｜"设计特征"｜"拉伸"命令，或单击"特征"工具条上的 （拉伸）按钮，系统弹出"拉伸"对话框，如图 3.136 所示；选取草图二为拉伸截面，对话框中"限制"和"布尔"选项按如图 3.136 所示设置，其余选项按系统默认设置，单击 确定 按钮，完成拉伸特征的创建，如图 3.137 所示。

图 3.136 "拉伸"对话框

图 3.137 创建拉伸特征

**8. 创建孔特征**

（1）选择菜单中的"插入"｜"设计特征"｜"孔"命令，或单击"特征"工具条上的 （孔）按钮，系统弹出"孔"对话框，如图 3.138 所示。在"类型"下拉框中选择"常规孔"，选取如图 3.139 所示的面为草绘平面，系统进入草图绘制界面，同时弹出"草图点"对话框，如图 3.140 所示。在对话框中单击 关闭 按钮完成点的绘制，如图 3.141 所示。

（2）添加几何约束。在"草图工具"工具条中选择 （约束）按钮，选择草图点和 Y 基准轴，草图左上角出现"约束"浮动工具条，在其中选择 （点在曲线上）按钮，约束草图点在 Y 基准轴上，如图 3.142 所示。

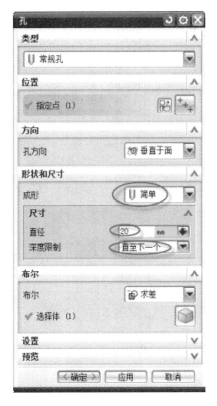

图 3.138 "孔"对话框

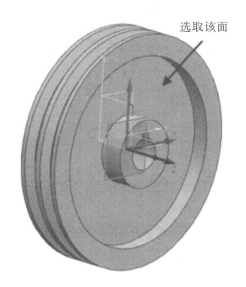

选取该面

图 3.139 选取草绘平面

图 3.140 "草图点"对话框

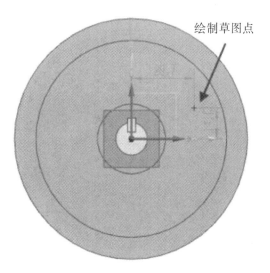

绘制草图点

图 3.141 绘制草图点

（3）添加尺寸约束。在"草图工具"工具条中选择 （自动判断的尺寸）按钮，按照图 3.143所示的尺寸进行标注，p152＝30，此时草图点转换成绿色，表示已经完全约束。

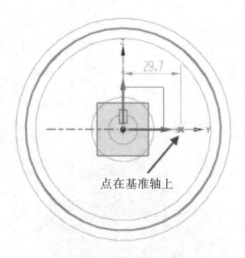

图 3.142 添加几何约束

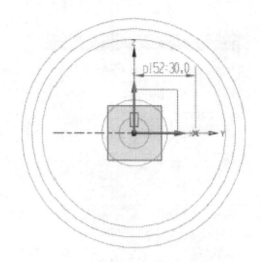

图 3.143 添加尺寸约束

（4）在"草图生成器"工具条中选择 按钮，系统返回到"孔"对话框。按如图 3.138 所示设置参数，单击 按钮完成孔特征的创建，如图 3.144 所示。

**9. 创建图样特征**

（1）选择菜单中的"插入"│"关联复制"│"对特征形成图样"命令，或单击"特征"工具条上的 按钮，系统弹出"对特征形成图样"对话框，如图 3.145 所示。

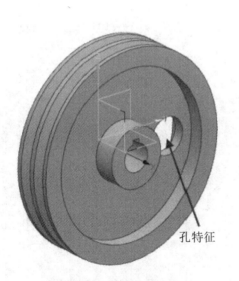

图 3.144 创建孔特征

图 3.145 "对特征形成图样"对话框

（2）选取上一步创建的孔特征为要形成图样的特征，在"布局"下拉列表框中选取"圆形"，选取 X 基准轴为旋转轴，按照如图 3.145 所示设置"角度方向"参数后，单击 按钮完成图样特征的创建，如图 3.146 所示。

图 3.146　创建图样特征

**10. 保存文件**

按指定路径保存文件。

## 3.10.3　托架设计

根据如图 3.147 所示托架零件图设计其三维实体。

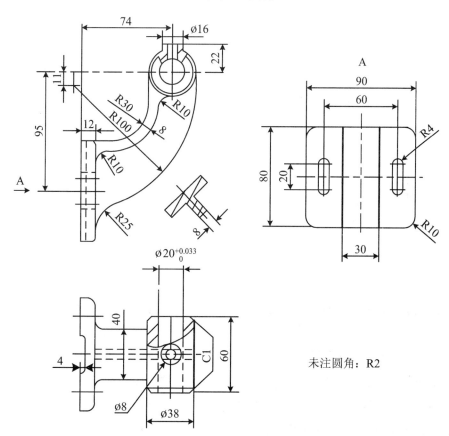

图 3.147　托架零件图

操作步骤如下：

**1. 新建文件**

选择菜单中的"文件"｜"新建"命令，或选择▢（创建一个新的文件）按钮，系统出现"新建"对话框，在"名称"栏中输入"tj"，在"单位"下拉框中选择"毫米"，单击 确定 按钮，创建一个名为"tj. prt"、单位为"毫米"的文件，并自动启动"建模"应用程序。

**2. 显示基准坐标系**

选择主菜单中的"格式"｜"图层设置"命令，系统出现"图层设置"对话框，勾选 61 层使其可选，将基准坐标系显示出来。

**3. 创建草图一**

(1) 选择菜单中的"插入"｜"草图"命令，或单击"特征"工具条上的▦（草图）按钮，系统弹出"创建草图"对话框，在"平面选项"下拉列表中选择"现有的平面"，在绘图区选择 XZ 基准面，单击"确定"按钮，进入草图绘制模式并启动"轮廓"命令。

(2) 关闭"轮廓"浮动工具条和默认开启的按钮 ▦（连续自动标注尺寸），在"草图工具"工具条中选择□（矩形）按钮，按照图 3.148 所示绘制一个矩形；接着在"草图工具"工具条中选择◯（圆）按钮，绘制两个同心圆；最后在"草图工具"工具条中选择╱（直线）按钮，在矩形内绘制一条竖直线。

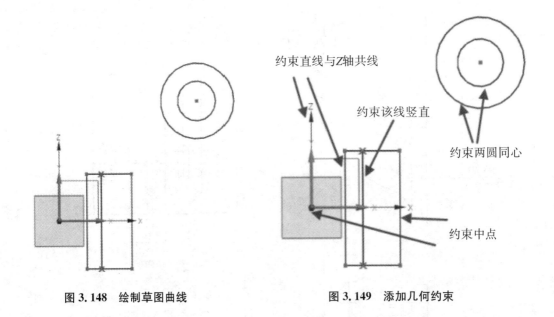

图 3.148　绘制草图曲线　　　　　　　　图 3.149　添加几何约束

(3) 添加几何约束。在"草图工具"工具条中选择 ▨（约束）按钮，如图 3.149 所示，在草图中选择矩形的左边直线与基准轴 Z，草图左上角出现"约束"浮动工具条，在其中选择 ╲（共线）按钮，约束其共线；接着在草图中选择矩形的右边直线与原点（基准点），草图左上角出现"约束"浮动工具条，在其中选择 ╂（中点）按钮，约束矩形边的中点与原点水平对中；然后选择两个圆，在"约束"浮动工具条中选择 ◉（同心）按钮，约束同心；接着选择矩形中间的直线,在"约束"浮动工具条中选择 (竖直)按钮,约束其竖直。添加全部几何约束后如图 3.150 所示。

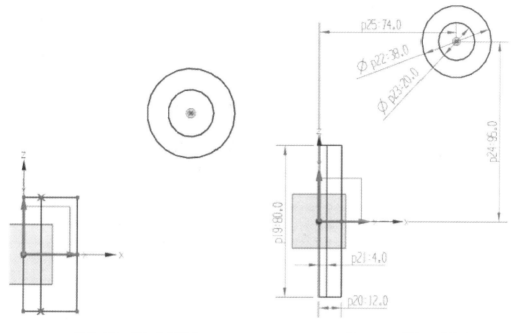

图 3.150　添加几何约束　　　　　　　　　　图 3.151　添加尺寸约束

　　(4) 添加尺寸约束。在"草图工具"工具条中选择 (自动判断的尺寸)按钮,按照图 3.151所示的尺寸进行标注,p19=80,p20=12,p21=4,∅p22=38,∅p23=20,p24=95,p25=74,此时草图曲线全部转换成绿色,表示已经完全约束。

　　(5) 在"草图工具"工具条中选择 (轮廓)按钮,系统弹出"轮廓"浮动工具条,按照图 3.152 所示绘制 3 条首尾相连的曲线,注意使直线 1 水平,圆弧 2 与 1 相切,直线 3 的上端点在圆上;接着在"草图工具"工具条中选择 (圆弧)按钮,绘制一个圆弧 4,注意使 4 的一个端点在圆上且与该圆相切。

　　(6) 添加几何约束。在"草图工具"工具条中选择 (约束)按钮,在草图中选择矩形的直线 3 与圆弧 2,草图左上角出现"约束"浮动工具条,在其中选择 (相切)按钮,约束其相切;接着选择直线 3,在"约束"浮动工具条中选择 (竖直)按钮,约束其竖直。添加全部几何约束后如图 3.153 所示。

　　(7) 添加尺寸约束。在"草图工具"工具条中选择 (自动判断的尺寸)按钮,按照图 3.154所示的尺寸进行标注,Rp26=30,Rp27=100,p28=11。

　　(8) 在"草图工具"工具条中选择 (偏置曲线)按钮,系统弹出"偏置曲线"对话框,如图 3.155 所示;在曲线规则下拉框中选取"单条曲线",接着在绘图区选取圆弧 2,在"距离"文本框中输入"8",如图 3.156 所示。单击 确定 按钮完成偏置曲线操作。

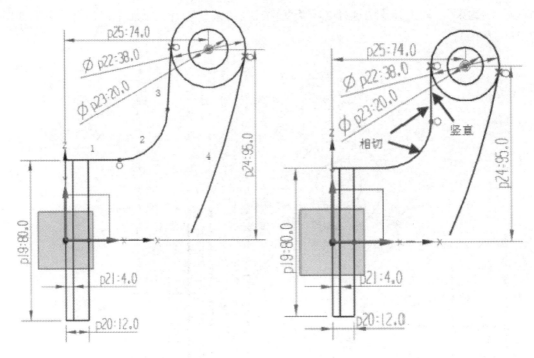

图 3.152　绘制直线和圆弧　　　　　　　图 3.153　添加几何约束

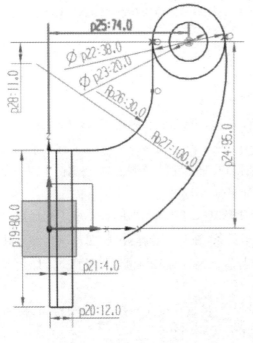

图 3.154　添加尺寸约束

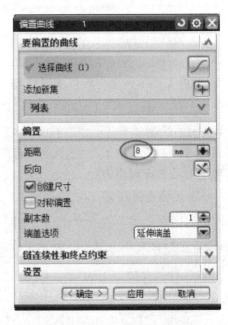

图 3.155　"偏置曲线"对话框

　　（9）在"草图工具"工具条中选择 ⬜（圆角）按钮，系统弹出"圆角"浮动工具条，在其中选取 🔽（取消修剪）按钮，按如图 3.157 所示绘制三个圆角。

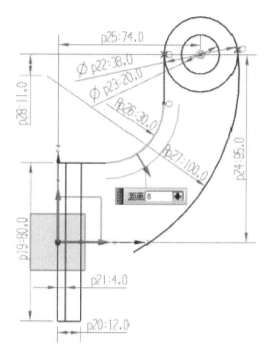

图 3.156　创建偏置曲线

图 3.157　创建圆角

（10）在"草图工具"工具条中选择 ☇（快速修剪）按钮，修剪多余的圆弧部分，接着在"草图工具"工具条中选择 ☇（快速延伸）按钮，延伸长度不足的圆弧，如图 3.158 所示。

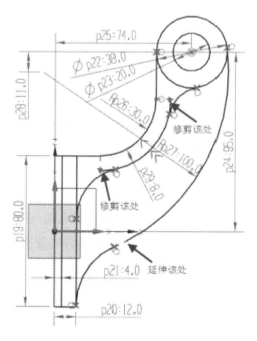

图 3.158　修剪和延伸曲线

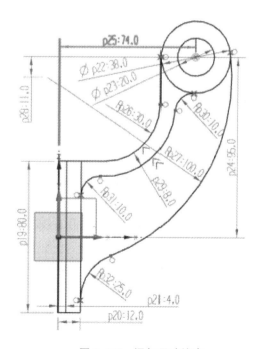

图 3.159　添加尺寸约束

（11）在"草图工具"工具条中选择 （自动判断的尺寸）按钮，按照图3.159所示的尺寸进行标注，Rp30＝10，Rp31＝10，Rp32＝25。此时草图曲线全部转换成绿色，表示已经完全约束。

（12）在"草图生成器"工具条中选择 按钮，系统回到建模界面。

### 4．隐藏基准坐标系

在绘图区选取基准坐标系，单击鼠标右键，在弹出的快捷菜单中选取"隐藏"命令将其隐藏。隐藏基准坐标系是为了方便后面曲线的选取操作。

### 5．创建拉伸特征

（1）拉伸底座

选择菜单中的"插入"｜"设计特征"｜"拉伸"命令，或单击"特征"工具条上的 （拉伸）按钮，系统弹出"拉伸"对话框，在曲线规则下拉框中选取"单条曲线"，接着在绘图区依次选取矩形的四条边为拉伸截面，如图3.160所示；对话框中"限制"和"布尔"选项按如图3.161所示设置，其余选项按系统默认设置，单击 按钮，完成拉伸操作，如图3.162所示。

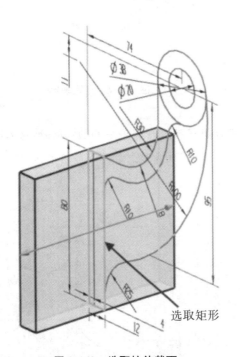

图3.160　选取拉伸截面

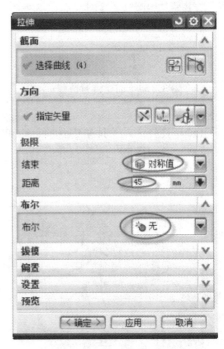

图3.161　"拉伸"对话框

在"视图"工具条中选取 （静态线框）按钮，在曲线规则下拉框中选取"单条曲线"并按下后边的 （在相交处停止）按钮，接着在绘图区选取如图3.163所示小矩形的四条边为拉伸截面；对话框中"限制"和"布尔"选项按如图3.164所示设置，其余选项按系统默认设置，单击 按钮，完成底座的创建，如图3.165所示。

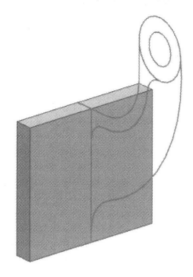

图 3.162 创建拉伸特征

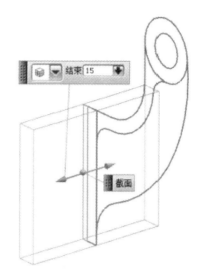

图 3.163 选取拉伸截面

图 3.164 设置拉伸选项

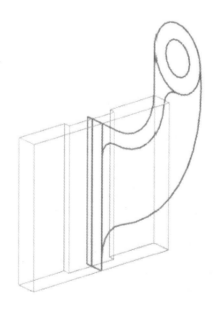

图 3.165 创建底座

（2）拉伸连接板

在曲线规则下拉框中选取"相切曲线"并按下后边的 ┼┼（在相交处停止）按钮，接着在绘图区选取如图 3.166 所示的封闭曲线为拉伸截面；对话框中"限制"和"布尔"选项按如图 3.167所示设置，其余选项按系统默认设置，单击 应用 按钮，完成连接板的创建，如图 3.168 所示。

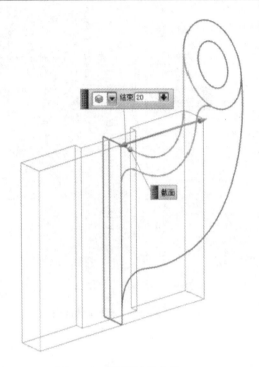

图 3.166 选取拉伸曲线

图 3.167 设置拉伸选项

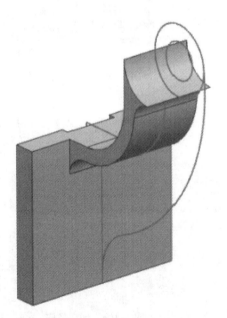

图 3.168 创建连接板

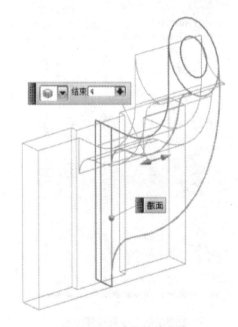

图 3.169 选取拉伸曲线

（3）拉伸筋板

在曲线规则下拉框中选取"相切曲线"并按下后边的 按钮，接着在绘图区选取如图 3.169 所示的封闭曲线为拉伸截面；对话框中"限制"和"布尔"选项按如图3.170所示设置，其余选项按系统默认设置，单击 ![应用] 按钮，完成筋板的创建，如图 3.171 所示。

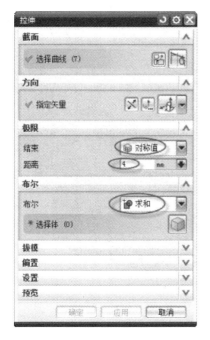

图 3.170 设置拉伸选项

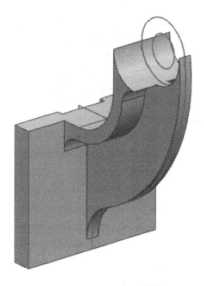

图 3.171 创建筋板

（4）拉伸圆筒

在曲线规则下拉框中选取"单条曲线"，接着在绘图区选取如图 3.172 所示的两个圆为拉伸截面；对话框中"限制"和"布尔"选项按如图 3.173 所示设置，其余选项按系统默认设置，单击 确定 按钮，完成圆筒的创建，如图 3.174 所示。

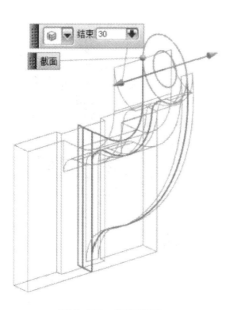

图 3.172 选取两圆

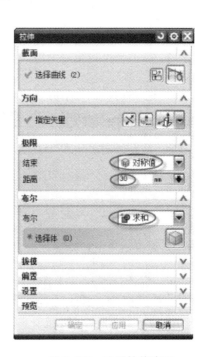

图 3.173 设置拉伸选项

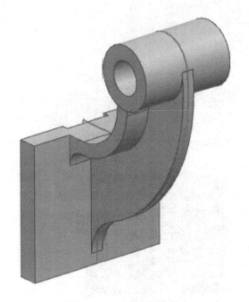

图 3.174　创建圆筒

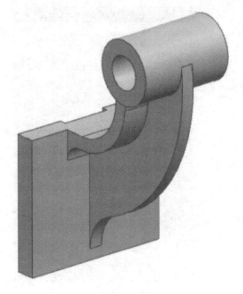

图 3.175　隐藏草图

（5）隐藏草图一

在绘图区选取草图一，单击鼠标右键，在弹出的快捷菜单中选取"隐藏"命令将草图隐藏，如图 3.175 所示。

**6.  显示基准坐标系**

选择菜单中的"编辑"｜"显示和隐藏"｜"显示"命令，或单击"实用工具"工具条上的 ![icon]（显示）按钮，系统弹出"类选择"对话框，如图 3.176 所示；在绘图区选取基准坐标系，单击 ![确定]按钮将基准坐标系显示出来，如图 3.177 所示。

图 3.176　"类选择"对话框

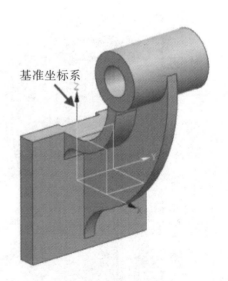

图 3.177　显示基准坐标系

**7. 创建基准平面**

选择菜单中的"插入"│"基准/点"│"基准平面"命令,或单击"特征"工具条上的□(基准平面)按钮,系统弹出"基准平面"对话框,如图 3.178 所示;在绘图区选取 XY 基准面,在"距离"文本框中输入"117",如图 3.179 所示,单击 ▣确定 按钮创建一个基准平面,如图 3.180 所示。

图 3.178 "基准平面"对话框

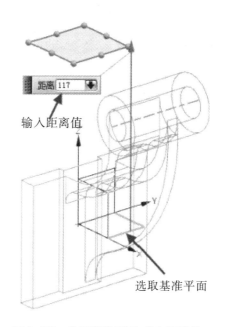

图 3.179 选取基准平面、输入距离值

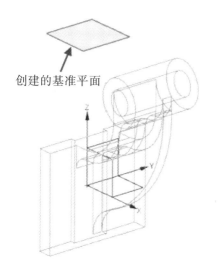

图 3.180 创建基准平面

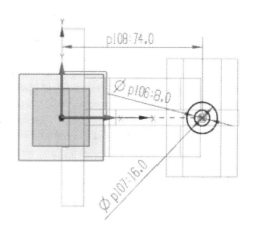

图 3.181 绘制两个同心圆

**8. 创建草图二**

(1) 选择菜单中的"插入"│"草图"命令,或单击"特征"工具条上的 ⟨草图⟩按钮,系统弹出"创建草图"对话框,在"平面选项"下拉列表中选择"现有的平面",在绘图区选择上一步

创建的基准平面,单击"确定"按钮,进入草图绘制模式并启动"轮廓"命令。

(2) 关闭"轮廓"浮动工具条和默认开启的按钮 (连续自动标注尺寸),在"草图工具"工具条中选择 ◯(圆)按钮,按照图 3.181 所示绘制两个同心圆。

**注意**　在绘制两圆时应避免系统自动添加相切等不需要的约束。

(3) 添加几何约束。在"草图工具"工具条中选择(约束)按钮,在草图中选择两个圆,在"约束"浮动工具条中选择 ◎(同心)按钮,约束同心;接着选取圆心和基准轴 X,草图左上角出现"约束"浮动工具条,在其中选择↑(点在线上)按钮,约束圆心在 X 轴上,结果如图 3.182 所示。

(4) 添加尺寸约束。在"草图工具"工具条中选择(自动判断的尺寸)按钮,按照图 3.183所示的尺寸进行标注,∅p106＝8,∅p107＝16,p108＝74,此时草图曲线全部转换成绿色,表示已经完全约束。

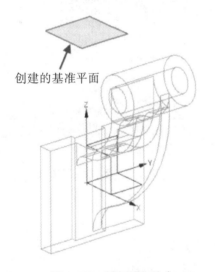

创建的基准平面

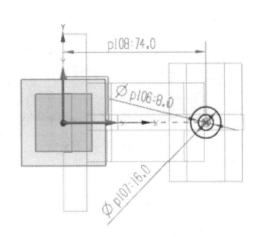

图 3.182　添加几何约束　　　　　　　　　图 3.183　添加尺寸约束

(5) 在"草图生成器"工具条中选择 按钮,系统回到建模界面。

**9. 创建拉伸特征**

选择菜单中的"插入"|"设计特征"|"拉伸"命令,或单击"特征"工具条上的(拉伸)按钮,系统弹出"拉伸"对话框,在曲线规则下拉框中选取"单条曲线",接着在绘图区选取草图中的大圆,在"方向"选项下单击(反向)按钮,对话框中"限制"和"布尔"选项按如图 3.184所示设置,其余选项按系统默认设置,单击 按钮,完成拉伸操作,如图 3.185 所示。

接着在绘图区选取草图中的小圆,在"方向"选项下单击(反向)按钮,对话框中"限制"和"布尔"选项按如图 3.186 所示设置,其余选项按系统默认设置,单击 按钮,完成拉伸操作,隐藏基准平面和草图后如图 3.187 所示。

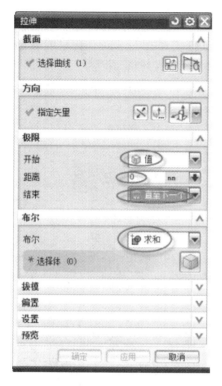

图 3.184 设置拉伸选项

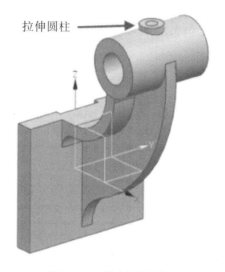

图 3.185 创建拉伸特征

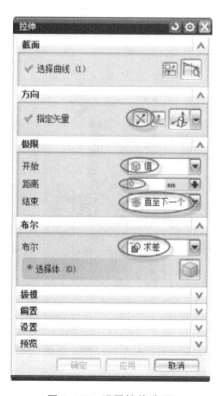

图 3.186 设置拉伸选项

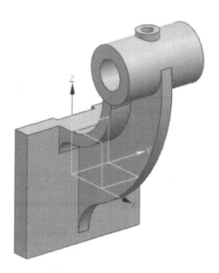

图 3.187 创建拉伸特征

**10. 创建草图三**

（1）选择菜单中的"插入"｜"草图"命令，或单击"特征"工具条上的 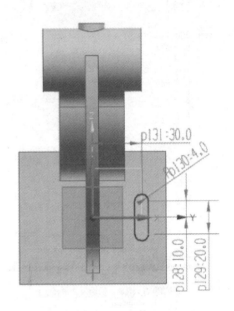（草图）按钮，系统弹出"创建草图"对话框，在"平面选项"下拉列表中选择"现有的平面"，在绘图区选择如图3.188所示平面，单击"确定"按钮，进入草图绘制模式并启动"轮廓"命令。

（2）绘制如图3.189所示草图曲线，注意各曲线均为相切关系，两直线为竖直线。

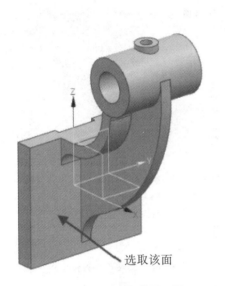

图 3.188　选取草图平面

图 3.189　绘制草图曲线

图 3.190　"镜像曲线"对话框

图 3.191　镜像曲线

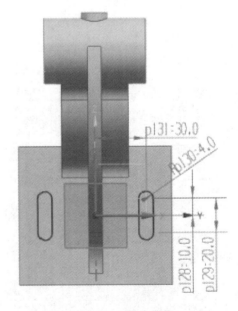

（3）添加尺寸约束。在"草图工具"工具条中选择 （自动判断的尺寸）按钮，按照图

3.189所示的尺寸进行标注,p128＝10,p129＝20,Rp130＝4,p131＝30,此时草图曲线全部转换成绿色,表示已经完全约束。

(4) 在"草图工具"工具条中选择 (镜像曲线)按钮,系统弹出"镜像曲线"对话框,如图3.190 所示;选取上一步绘制的全部草图曲线为镜像曲线,选取基准轴 Z 为中心线,单击 确定 按钮,完成镜像曲线操作,如图 3.191 所示。

(5) 在"草图生成器"工具条中选择 完成草图 按钮,系统回到建模界面。

**11. 创建拉伸特征**

选择菜单中的"插入"|"设计特征"|"拉伸"命令,或单击"特征"工具条上的 (拉伸) 按钮,系统弹出"拉伸"对话框,在曲线规则下拉框中选取"特征曲线",接着在绘图区选取上一步绘制的草图,在"方向"选项下单击 X (反向)按钮,对话框中"限制"和"布尔"选项按如图 3.192 所示设置,其余选项按系统默认设置,单击 确定 按钮,完成拉伸操作,如图 3.193 所示。

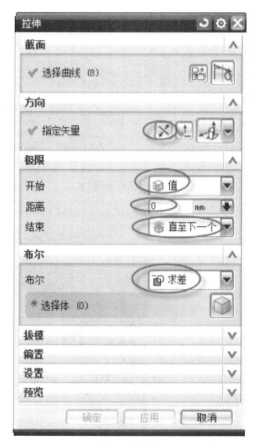

图 3.192  设置拉伸选项

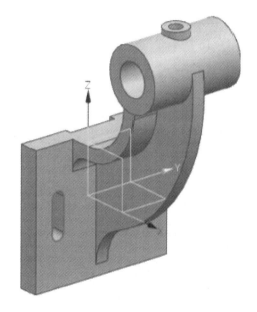

图 3.193  创建拉伸特征

**12. 隐藏基准坐标系和草图三**

在绘图区选取基准坐标系和草图三,单击鼠标右键,在弹出的快捷菜单中选取"隐藏"命令进行隐藏。

### 13. 创建倒圆特征

选择主菜单中的"插入"|"细节特征"|"边倒圆"命令,或在"特征操作"工具条上单击 ⊿(边倒圆)按钮,系统出现如图 3.194 所示的"边倒圆"对话框。选择如图 3.195 所示的底座四条棱边,在半径文本框中输入"10",其余参数按默认设置。单击 应用 按钮,完成边倒圆特征,如图 3.196 所示。按照同样的方法完成半径 2 的倒圆角特征,如图 3.197 所示。

图 3.194　"边倒圆"对话框

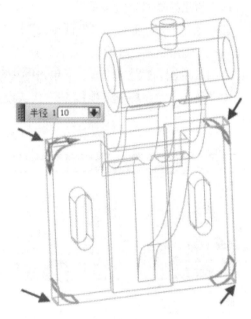

图 3.195　选取要倒圆的边

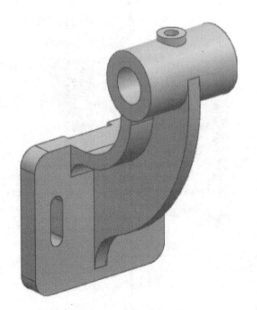

图 3.196　创建倒圆特征

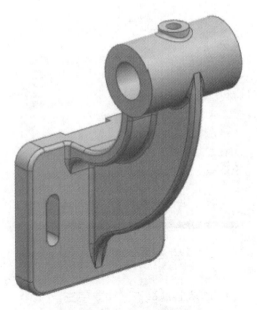

图 3.197　创建其他倒圆特征

### 14. 创建倒斜角特征

选择主菜单中的"插入"|"细节特征"|"倒斜角"命令,或在"特征"工具条上单击 🖎(倒斜角)按钮,系统出现如图 3.198 所示的"倒斜角"对话框。选择圆筒两端面圆为要倒斜角的边,在"横截面"下拉列表框中选择"对称"选项,在"距离"文本框中输入"1",其余参数按默认设置。单击 确定 按钮,完成倒斜角特征,如图 3.199 所示。

### 15. 保存文件

按指定路径保存文件。

图 3.198 "倒斜角"对话框

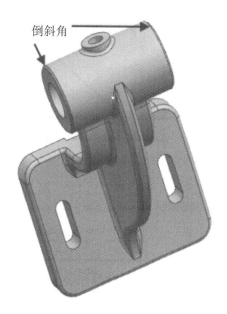

图 3.199 创建倒斜角特征

# 3.11 小 结

本章主要介绍了 UG NX 8.0 实体设计的基础知识,并结合实例介绍了长方体、圆柱体、圆锥、球等基本体素的创建方法,便于用户进行简单的模型构建。同时还详细介绍了拉伸、回转等具体的实用功能,以及拔模、边倒圆、倒斜角、抽壳、螺纹等特征的创建,从而为用户进行实体细节上的设计提供工具。本章对孔、键槽、开槽等特征以及定位操作也通过实例做了详细的讲解,为用户创建各种特征提供了更为简捷的方法。

# 习    题

根据如图 3.200～图 3.203 所示零件图设计三维实体。

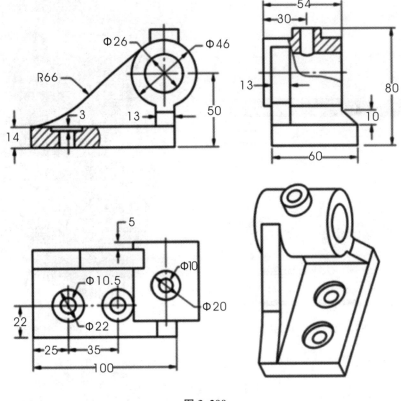

图 3. 200

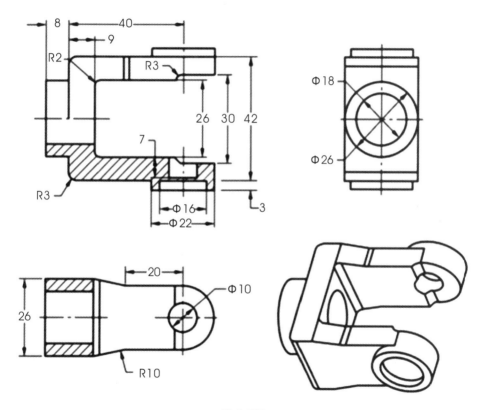

图 3. 201

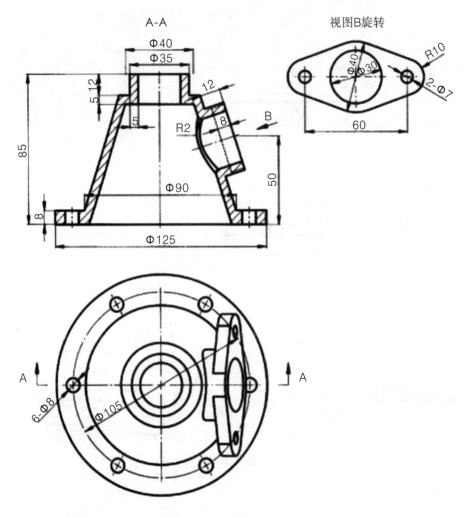

图 3. 202

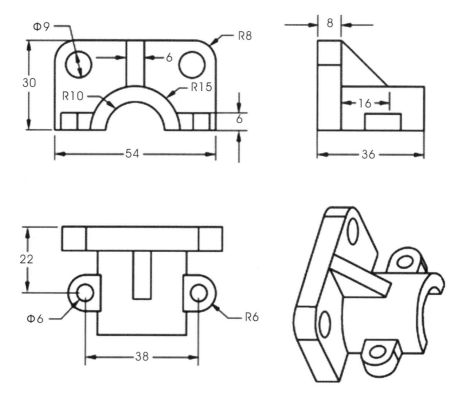

图 3.203

# 第4章 曲面设计

对于较规则的 3D 零件,实体特征的造型方式快捷而方便,基本能满足造型的需要,但实体特征的造型方法比较固定化,不能胜任复杂度较高的零件,而自由曲面造型功能则提供了强大的弹性化设计方式,成为三维造型技术的重要组成。

对于复杂的零件,可以采用自由形状特征直接生成零件实体,也可以将自由形状特征与实体特征相结合完成,在日常用品以及飞机、轮船和汽车等工业产品的壳体造型设计中应用十分广泛。

构造曲面的方法按照原始数据的类型可大致分为以下 3 类:

(1) 基于点的构造方法:它根据导入的点数据构建曲线、曲面,如通过点、由极点、从点云等构造方法。该功能所构建的曲面与点数据之间不存在关联性,是非参数化的,即当构造点编辑后,曲面不会产生关联变化。由于这类曲面的可修改性较差,建议尽量少用。

(2) 基于曲线的构造方法:根据曲线构建曲面,如直纹面、通过曲线、通过曲线网格、扫掠、剖切曲面等构造方法。此类曲面是全参数化特征,曲面与曲线之间具有关联性,工程上大多采用这种方法。

(3) 基于曲面的构造方法:以曲面为基础构建新的曲面,如桥接、N 边曲面、延伸、按规律延伸、放大、曲面偏置、粗略偏置、扩大、偏置、大致偏置、曲面合成、全局形状、裁剪曲面、过渡曲面等构造方法。

# 4.1 一般曲面创建

## 4.1.1 拉伸和回转曲面

### 1. 拉伸曲面

"拉伸"是将截面曲线沿指定方向拉伸一定距离以生成曲面。被拉伸的截面曲线可以是直线、圆弧、样条线等,曲线可以是草图,也可以由空间曲线构建而成,还可以是现有实体、曲面的边界线。

选择"插入"|"设计特征"|"拉伸"命令,或者单击"特征"工具栏中的 █ (拉伸)按钮,出现"拉伸"对话框,展开"设置"选项,选取"图纸页"子项,如图 4.1 所示。对话框中各选项

含义已在前面的章节讲过,在此不再详述。

**注意** 如果拉伸的是单个曲线或者截面曲线不闭合,可以不必进行设置"图纸页"操作。

**2. 回转曲面**

"回转"是将曲线、曲线组、草图截面等绕着旋转中心线旋转生成曲面。一般被旋转的几何对象位于旋转中心线的一侧。

选择"插入"|"设计特征"|"回转"命令,或者单击"特征"工具栏中的 (回转)按钮,出现"回转"对话框,展开"设置"选项,选取"图纸页"子项,如图 4.2 所示。对话框中各选项含义已在前面的章节讲过,在此不再详述。

**注意** 如果旋转的几何对象是封闭的曲线组,必须进行设置"图纸页"的操作。

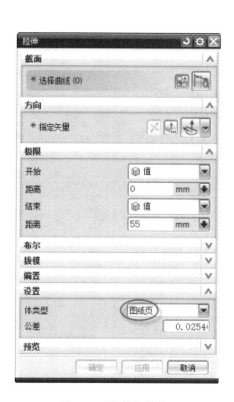

图 4.1 "拉伸"对话框

图 4.2 "回转"对话框

## 4.1.2 有界平面

使用"有界平面"命令可创建由一组首尾相连的平面曲线封闭的平面曲面。曲线必须共面,且形成封闭形状。

选择"插入"|"曲面"|"有界平面"命令,出现"有界平面"对话框,如图 4.3 所示。

图 4.3    "有界平面"对话框

# 4.2    网 格 曲 面

## 4.2.1    直纹面

直纹面是指利用两条截面线串生成曲面或实体。截面线串可以由单个或多个对象组成,每个对象可以是曲线、实体边界或实体表面等几何体。

选择"插入"│"网格曲面"│"直纹"命令,出现"直纹"对话框,如图 4.4 所示。创建直纹面示例如图 4.5 所示。

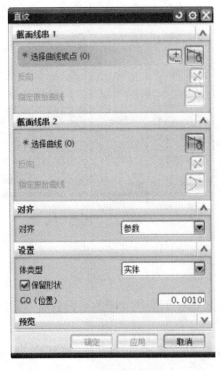

图 4.4    "直纹"对话框

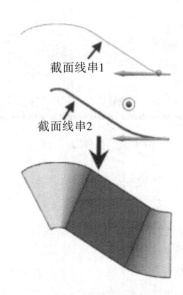

图 4.5    创建直纹面示例

"直纹面"对话框中常用选项含义如表 4.1 所示。

表 4.1 "直纹面"对话框各选项含义

| | 选 项 | 含 义 |
|---|---|---|
| 截面线串1 和截面线串2 | 选择曲线或点 | 用于选择截面线串。点只能用于"截面线串 1"。当选择了一个截面时,该截面上会出现一个矢量,指示截面方向 |
| | 反向 | 反转截面的方向。为生成光顺的曲面,所选两个截面线串必须指向相同的方向 |
| | 指定原始曲线 | 选择封闭曲线时,允许更改起始曲线 |
| 对齐 | 参数 | 沿截面以相等的参数间隔来分割等参数曲线连接点。若整个截面线上包含直线,则用等弧长的方式分割点。若包含曲线,则用等角度的方式分割点 |
| | 弧长 | 沿定义截面以相等的弧长间隔隔开等参数曲线连接点。当组成截面线串的曲线数目及长度不协调时,可以使用该选项 |
| | 根据点 | 系统沿截面方向放置对齐点和对齐线。可以添加、删除和移动这些点,以保留尖角或细化曲面形状。用于不同形状的截面线的对齐,特别是当截面线有尖角时,应该采用点对齐方式 |
| | 距离 | 在指定方向上将对齐点沿每条曲线以相等的距离隔开,这样会得到全部位于垂直于指定方向矢量的平面内的等参数曲线 |
| | 角度 | 在指定轴线周围将对齐点沿每条曲线以相等的角度隔开,这样会得到所有在包含有轴线的平面内的等参数曲线 |
| | 脊线 | 将对齐点放置在截面线串与垂直于选定脊线的平面的相交处 |
| 设置 | 保留形状 | 允许保留锐边,覆盖逼近输出曲面的默认值。此选项只针对"参数"和"根据点"的对齐方法才可用 |
| | G0(位置) | 用来设置指定曲线和生成的曲面之间的公差。在"G0(位置)"文本框中输入公差值即可 |

**注意** 构建直纹面的两组截面线串形状相同或相似时,对齐方式常选用"参数";两组截面线串的长度相同或相近时,对齐方式常选用"弧长";当各段截面线串形状相差悬殊或截面线串中包含尖角时,建议使用"根据点"对齐方式。

## 4.2.2 通过曲线组

可创建穿过多个截面的体,其中形状会发生更改以穿过每个截面。一个截面可以由单个或多个对象组成,并且每个对象都可以是曲线、实体边或实体面的任意组合。截面线串可以是曲线、实体边界或实体表面等几何体。其生成特征与截面线串相关联,当截面线串编辑修改后,特征会自动更新。

　　"通过曲线组"与"直纹面"方法类似,区别在于"直纹面"只适用于两条截面线串,并且两条截面线串之间总是相连的,而"通过曲线组"最多允许使用150条截面线串。

　　选择"插入"｜"网格曲面"｜"通过曲线组"命令(或者单击"曲面"工具栏中的"通过曲线组"按钮),弹出"通过曲线组"对话框,如图4.6所示。通过曲线组创建曲面示例如图4.7所示。

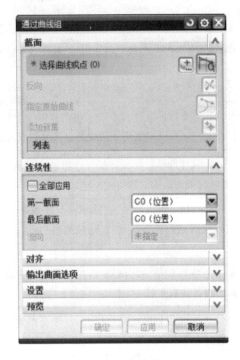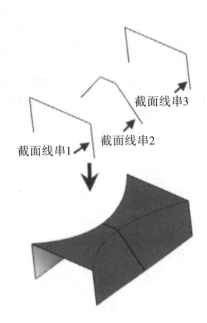

图 4.6　"通过曲线组"对话框　　　　图 4.7　通过曲线组创建曲面示例

对话框中各常用选项说明如下:

### 1. 截面

"截面"选项组中各选项功能说明见表4.2。

表 4.2　"截面"选项组中各选项含义

| | 选　项 | 含　义 |
| --- | --- | --- |
| | 选择曲线或点 | 最多可选择150个截面线串。点只能用于"第一个"截面或"结束"截面 |
| | 反向 | 反转各个截面的方向。为了生成最光顺的曲面,所有截面线串必须指向相同的方向 |
| | 指定原始曲线 | 用于更改封闭曲线中的起始曲线 |
| | 添加新集 | 将当前截面添加到模型中并创建一个新的截面 |
| | 列表 | 列出向模型中添加的线串,可通过重排序或删除线串来修改截面线串集 |

**2. 连续性**

"连续性"选项组中各选项功能说明见表 4.3。

表 4.3 "连续性"选项组各选项含义

| 选 项 | 含 义 |
|---|---|
| 全部应用 | 将相同的连续性应用于第一个至最后一个截面线串 |
| 第一截面 | 从每个列表中为模型选择相应的 G0、G1 或 G2 连续性 |
| 最后截面 | |
| 选择面 | 分别选择一个或多个面作为约束曲面,在"第一截面"和"最后截面"处与创建的直纹曲面保持相应的连续性 |
| 流向 | 指定与约束曲面相关的流动方向。此选项仅适用于使用约束曲面的模型,在所有"连续性"选项设置为 G0 时不可用 |

| | 未指定 | 流向直接通到另一侧 |
|---|---|---|
| 流向 | 等参数 | 流向沿着约束曲面的等参数方向(U 或 V) |
| | 垂直 | 流动方向垂直于约束曲面的基准边 |

**3. 对齐**

"对齐"通过定义如何沿截面线串隔开新曲面的等参数曲线,来控制曲面的形状,如图 4.8所示。各选项的含义见表 4.4。

图 4.8 "对齐"选项组

表 4.4 "对齐"选项组中各选项的含义

| 选 项 | 含 义 |
|---|---|
| 参数 | 沿截面线串以相等的参数间隔隔开等参数曲线连接点 |
| 弧长 | 沿定义的曲线以相等的弧长间隔隔开等参数曲线连接点 |
| 根据点 | 在不同形状的截面线串之间对齐点。系统沿截面方向放置对齐点和其对齐线 |

续表

| 选　项 | 含　义 |
|---|---|
| 距离 | 在指定方向上将点沿每个截面以相等的距离隔开。这样可得到全部位于垂直于指定方向矢量的平面内的等参数曲线 |
| 角度 | 在指定轴线周围将点沿每条曲线以相等的角度隔开。这样可得到所有在包含有轴线的平面内的等参数曲线 |
| 脊线 | 将点放置在选定曲线与垂直于输入曲线平面的相交处。曲面的范围取决于脊线的限制 |
| 根据分段 | 与"参数"对齐方法相似,只是系统沿每条曲线段等距隔开等参数曲线,而不是按相同的圆弧长参数间隔隔开 |

### 4. 输出曲面选项

"输出曲面选项"选项组如图 4.9 所示,各选项含义见表 4.5。

**图 4.9　"输出曲面选项"选项组**

**表 4.5　"输出曲面选项"选项组各选项意义**

| 选　项 | 含　义 |
|---|---|
| 补片类型 | 控制 V 向(垂直于线串)的补片是单个还是多个。如果选择"单个",则 V 向的阶次将由线串数确定——阶次比选择的线串数小 1 |
| V 向封闭 | 沿 V 方向的各列封闭第一个与最后一个截面之间的特征。<br>如果选择的截面是封闭的,且此复选框已选中,且体类型选项设置为体,NX 会创建实体。对于多个补片,体沿行(U 方向)的封闭状态基于截面的封闭状态。如果选择的截面全部封闭,生成的体则按 U 方向封闭 |
| 垂直于终止截面 | 使输出曲面垂直于两个终止截面 |

### 4.2.3 通过曲线网格

"通过曲线网格"是通过主曲线和交叉曲线建立曲面。这些曲线串可以是曲线和实体边界等。其生成特征与曲线串相关联,当曲线串编辑修改后,特征会自动更新。

选择"插入"|"网格曲面"|"通过曲线网格"命令(或者单击"曲面"工具条中的"通过曲线网格"按钮 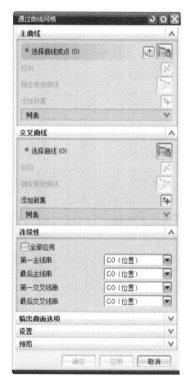),打开"通过曲线网格"对话框,如图4.10所示。通过曲线网格创建曲面示例如图4.11所示。

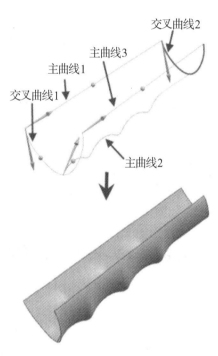

**图4.10 "通过曲线网格"对话框**  **图4.11 通过曲线网格创建曲面示例**

"通过曲线网格"对话框中各选项含义见表4.6。

**表4.6 "通过曲线网格"对话框中各选项含义**

| 选 项 | | 含 义 |
| --- | --- | --- |
| 主 曲 线<br>(交叉曲线) | 选择曲线或点 | 选择曲线串或点 |
| | 反向 | 反转各个曲线串的方向 |
| | 指定原始曲线 | 选择封闭曲线时,允许更改起始曲线 |
| | 添加新集 | 将当前曲线添加到模型中并创建一个新的曲线 |
| | 列表 | 列出已添加的线串,可通过重排序或删除线串来修改截面线串集 |

续表

| 选　项 | | 含　义 |
|---|---|---|
| 连续性 | 全部应用 | 将相同的连续性应用于第一个和最后一个主(交叉)线串 |
| | 第一主(交叉)线串和最后主(交叉)线串 | 从每个列表中为模型选择相应的 G0、G1 或 G2 连续性 |
| | 选择面 | 分别选择一个或多个面作为约束曲面在第一主(交叉)和最后主(交叉)线串处与创建的"通过曲线网格"曲面保持相应的连续性 |
| 输 出 曲面选项 | 着重 | 指定曲面穿过主曲线或交叉曲线,或这两条曲线的平均线 |
| | 构造 | 用于指定创建曲面的构造方法 |

# 4.3　扫　掠　曲　面

## 4.3.1　扫掠面

可通过沿一条、两条或三条引导线串扫掠一个或多个截面来创建实体或片体。

执行"插入"|"扫掠"|"扫掠"命令(或者单击"曲面"工具栏中的"扫掠"按钮),打开"扫掠"对话框,如图 4.12 所示。创建扫掠曲面示例如图 4.13 所示。

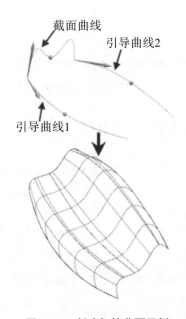

图 4.12　"扫掠"对话框　　　　　　图 4.13　创建扫掠曲面示例

"扫掠"对话框中主要选项含义如表 4.7 所示。

**表 4.7　"扫掠"对话框中主要选项含义**

| 选　项 | | | 含　义 |
|---|---|---|---|
| 截面 | 选择曲线 | | 可选择多达 150 个截面。截面可以由一个对象或多个对象组成,并且每个对象既可以是曲线、实体边,也可以是实体面 |
| | 反向 | | 反转各个截面线串的方向 |
| | 指定原始曲线 | | 选择封闭曲线时,允许更改起始曲线 |
| | 添加新集 | | 将当前曲线添加到模型中并创建一个新的曲线 |
| | 列表 | | 列出向模型中添加的截面,可通过重排序或删除线串来修改截面集 |
| 引导线 | 选择曲线 | | 控制扫掠方向上曲面的方位和比例,可选择 1～3 条引导线串 |
| 脊线 | 选择曲线 | | 使用脊线可控制截面的方位,并避免在导线上不均匀分布参数导致的变形 |
| 截面选项 | 截面位置 | 沿引导线任何位置 | 当截面位于导线的中间位置时,使用此选项将在沿导线的两个方向上进行扫掠 |
| | | 引导线末端 | 引导线从截面开始仅在一个方向进行扫掠 |
| | 对齐方法 | 参数 | 沿定义曲线将等参数曲线通过的点以相等的参数间隔隔开 |
| | | 弧长 | 沿定义曲线将等参数曲线通过的点以相等的弧长间隔隔开 |
| | | 根据点 | 将不同外形的截面之间的点对齐 |
| | 定位方法 | 固定 | 截面保持固定的方位沿导引线串平移 |
| | | 面的法向 | 截面方位变化的局部坐标系 Y 方向与所选面的法向相同 |
| | | 矢量方向 | 截面方位变化的局部坐标系 Y 方向与所选矢量方向相同 |
| | | 另一条曲线 | 截面方位变化的局部坐标系 Y 方向由导引线串和所选曲线各对应点之间的连线的方向来控制 |
| | | 一个点 | 截面方位中一个端点固定在选定点位置,另一个端点沿导引线移动 |
| | | 角度规律 | 通过设定角度变化规律来控制扫描面相对于截面的转动。该选项仅可用于一个截面的扫掠 |
| | | 强制方向 | 与"矢量方向"基本相同,如果遇到小曲率的导引线串时可以防止自相交现象的产生 |

续表

| | | 恒定 | 指定沿整条导线保持恒定的比例因子 |
|---|---|---|---|
| 截面选项 | 缩放方法 | 倒圆功能 | 在指定的起始和终止比例因子之间按照线性或三次比例插值,那些起始比例因子和终止比例因子对应于引导线串的起点和终点 |
| | | 另一条曲线 | 类似于方位控制中的"另一条曲线",但是此处在任意给定点的比例是以引导线串和其他的曲线或实边之间的划线长度为基础的 |
| | | 一个点 | 和"另一条曲线"相同,但是使用点而不是曲线。选择此种形式的比例控制的同时还可以使用同一个点作方位控制 |
| | | 面积规律 | 允许使用规律子函数控制扫掠体的交叉截面面积 |
| | | 周长规律 | 类似于"面积规律",不同的是控制扫掠体的横截面的周长,而不是它的面积 |

**注意**　如果选择的截面线串是单条曲线,那么对齐方法只有"参数"和"弧长"两种。

## 4.3.2　沿引导线扫掠

通过沿一条引导线扫掠一个截面来创建体或曲面。

执行"插入"|"扫掠"|"沿引导线扫掠"命令,打开"沿引导线扫掠"对话框,如图 4.14 所示。沿引导线扫掠创建曲面示例如图 4.15 所示。

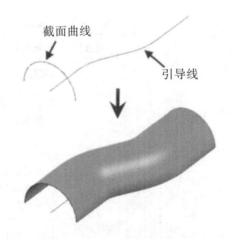

**图 4.14　"沿引导线扫掠"对话框**　　**图 4.15　沿引导线扫掠创建曲面示例**

"沿引导线扫掠"对话框中主要选项含义如表 4.8 所示。

**表 4.8 "沿引导线扫掠"对话框中主要选项含义**

| 选 项 | | 含 义 |
|---|---|---|
| 截面 | 选择曲线 | 用于选择曲线、边或曲线链，或是截面的边 |
| 引导线 | 选择曲线 | 选择曲线、边或曲线串，或是引导线的边。引导线串中的所有曲线都必须是连续的 |
| 偏置 | 第一偏置 | 将扫掠特征偏置以增加厚度 |
| | 第二偏置 | 使扫掠特征的基础偏离于截面线串 |

### 4.3.3 管道

可通过沿中心线路径(具有外径及内径选项)扫掠圆形横截面来创建单个实体。可以使用此命令来创建线扎、线束、布管、电缆或管道组件。

执行"插入"│"扫掠"│"管道"命令，打开"管道"对话框，如图 4.16 所示。创建管道示例如图 4.17 所示。

**图 4.16 "管道"对话框**

**图 4.17 创建管道示例**

"管道"对话框中主要选项含义如表 4.9 所示。

**表 4.9 "管道"对话框中主要选项含义**

| 选 项 | | 含 义 |
|---|---|---|
| 路径 | 选择曲线 | 选取管道的中心线路径。可以选择多条曲线或边。路径必须光顺并相切连续 |
| 横截面 | 外径 | 指定管道外直径的值。外径不能为零且不得大于内径中指定的值 |
| | 内径 | 指定管道内径的值。如创建实体线缆，该值为零 |

续表

| 选 项 | | 含 义 |
|---|---|---|
| 输出 | 多段 | 生成具有一系列圆柱面及环形面组成的管道曲面 |
| | 单段 | 为包含样条或二次曲线的路径的一部分创建一个面 |

# 4.4 弯 边 曲 面

## 4.4.1 规律延伸

根据距离规律及延伸的角度来延伸现有的曲面。

执行"插入"│"弯边曲面"│"规律延伸"命令，打开"规律延伸"对话框，如图 4.18 所示。创建规律延伸示例如图 4.19 所示。

图 4.18 "规律延伸"对话框

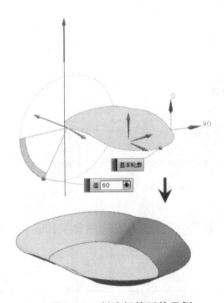

图 4.19 创建规律延伸示例

"规律延伸"对话框中主要选项含义如表 4.10 所示。

表 4.10 "规律延伸"对话框中主要选项含义

| 选 项 | | 含 义 |
|---|---|---|
| 类型 | 面 | 使用一个或多个面来定义延伸曲面的参考坐标系 |
| | 矢量 | 使用沿基本曲线串的每个点处的单个坐标系来定义延伸曲面 |
| 基本轮廓 | 选择曲线 | 指定曲线或边线串来定义要创建的曲面的基本边 |
| 参考面 | 选择面 | 在"类型"设置为"面"时可用。选择一个或多个面来定义用于构造延伸曲面的参考方向 |
| 参考矢量 | 指定矢量 | 在"类型"设置为"矢量"时可用,指定矢量以定义要用于构造延伸曲面的参考方向 |
| 长度规律 | 恒定 | 使用值列表为延伸曲面的长度指定恒定值 |
| | 线性 | 用于使用起点与终点选项来指定线性变化的曲线 |
| | 三次 | 可供使用起点与终点选项来指定以指数方式变化的曲线 |
| | 根据方程 | 可使用表达式及参数表达式变量来定义规律。所有变量都必须在之前使用表达式对话框定义过 |
| | 根据规律曲线 | 用于选择一串光顺连接曲线来定义规律函数 |
| | 多重过渡 | 用于通过所选基本轮廓上的多个节点或点来定义规律 |
| 角度规律 | "恒定"等选项 | 指定用于延伸角度的规律类型及结合该规律类型使用的参数。此组中的所有选项都与"长度规律"组中的选项相同 |
| 延伸类型 | 无 | 不创建相反侧延伸 |
| | 对称 | 使用相同的长度参数在基本轮廓的两侧延伸曲面 |
| | 非对称 | 在基本轮廓线串的每个点处使用不同的长度在基本轮廓两侧延伸曲面 |
| 脊线 | 选择曲线 | 用于指定脊线 |

## 4.4.2 延伸曲面

使用延伸命令在曲面边或拐角处创建延伸曲面。

执行"插入"|"弯边曲面"|"延伸"命令,打开"延伸曲面"对话框,如图 4.20 所示。创建延伸曲面示例如图 4.21 所示。

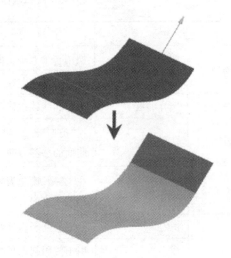

**图 4.20 "延伸曲面"对话框**        **图 4.21 创建延伸曲面示例**

"延伸曲面"对话框中主要选项含义如表 4.11 所示。

**表 4.11 "延伸曲面"对话框中主要选项含义**

| 选 项 | | 含 义 |
|---|---|---|
| 类型 | 边 | 用于在要延伸面的指定边上创建延伸曲面。一次只能延伸一条边 |
| | 拐角 | 用于在指定的面拐角处创建延伸曲面 |
| 要延伸的边 | 选择边 | 指定管道外直径的值。外径不能为零且不得大于内径中指定的值 |
| 方法 | 相切 | 用于创建与指定的边相切的延伸曲面 |
| | 圆形 | 用于在曲面的边上创建一个圆形延伸。该延伸遵循沿着选定边的曲率半径 |
| 距离 | 按长度 | 用于指定部件单位中延伸曲面的长度 |
| | 按百分比 | 用于指定延伸曲面的长度作为选定边的百分比 |

# 4.5 曲面编辑

## 4.5.1 修剪片体

通过选择若干曲线线串、曲面和基准平面作为边界,沿着指定的投影方向,对目标曲面进行裁剪,形成新的曲面边界。所选择的边界可以在被裁剪的曲面上,也可以在被裁剪曲面外边,需要通过指定投影方向来确定裁剪的边界。

**注意** 在曲面设计中,创建的曲面往往大于实际模型的曲面,利用修剪片体功能可以把曲面修剪成需要的形状和大小;有些直接用曲线创建的曲面中存在尖角或部分扭曲,需要将不合理的部分裁剪掉,再利用适当的"补面"处理。因此,该命令在曲面设计中使用非常广泛。

执行"插入"|"修剪"|"修剪片体"命令,打开"修剪片体"对话框,如图 4.22 所示。修剪片体示例如图 4.23 所示。

图 4.22 "修剪片体"对话框

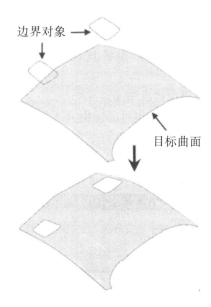

图 4.23 修剪片体示例

"修剪片体"对话框中主要选项含义如表 4.12 所示。

表 4.12 "修剪片体"对话框中主要选项含义

| 选 项 | | 含 义 |
|---|---|---|
| 目标 | 选择片体 | 选择目标曲面作为要修剪的曲面。用于选择目标曲面的光标位置,同时也指定了一个用于指定区域的区域点 |
| 边界对象 | 选择对象 | 选择作为修剪边界的对象,该对象可以是面、边、曲线和基准平面 |
| | 允许目标边作为工具对象 | 选中该复选框可将目标片体的边过滤出来,作为修剪对象 |
| 投影方向 | 垂直于面 | 定义投影方向为沿着面的法向方向。如果定义投影方向的对象发生更改,则得到的修剪的曲面体会随之更新,否则投影方向是固定的 |
| | 垂直于曲线平面 | 将投影方向定义为垂直于边界曲线所在的平面 |
| | 沿矢量 | 将投影方向定义为沿矢量方向。如果选择 XC 轴、YC 轴或 ZC 轴作为投影方向,则当更改工作坐标系(WCS)时,投影方向将随着改变 |

续表

| 选 项 | | 含 义 |
|---|---|---|
| 区域 | 选择区域 | 完成选择目标曲面体、投影方法和修剪对象后,可以选择要保持和舍弃哪些区域。选定的区域与修剪对象相关联 |
| | 保持 | 当修剪曲面时保持选定的区域 |
| | 舍弃 | 当修剪曲面时舍弃选定的区域 |

**注意** 要成功地修剪目标片体,边界对象沿投影方向压印到目标片体后必须足够大,可以将目标片体完全剪开。如存在不能剪开的情况,系统会以星号高亮显示出现问题之处。

### 4.5.2 修剪与延伸

使用由边或曲面组成的一组工具对象来延伸和修剪一个或多个曲面,能同时获得修剪和延伸的效果,但是其使用方法与前面"修剪片体"工具有所不同。

执行"插入"|"修剪"|"修剪与延伸"命令,打开"修剪和延伸"对话框,如图 4.24 所示。修剪与延伸曲面示例如图 4.25 所示。

图 4.24 "修剪和延伸"对话框

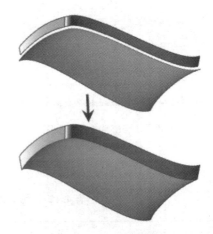

图 4.25 修剪与延伸曲面示例

"修剪和延伸"对话框中主要选项含义如表 4.13 所示。

表 4.13 "修剪和延伸"对话框中主要选项含义

| 选 项 | | 含 义 |
|---|---|---|
| 类型 | 按距离 | 使用给定值延伸曲面边。这种情况不具有修剪功能 |
| | 已测量百分比 | 将边延伸到指定边总圆弧长的某个百分比。这种情况也不具有修剪功能 |
| | 直至选定对象 | 使用选中的边或面作为工具修剪或延伸目标 |
| | 制作拐角 | 在目标和工具之间形成拐角。方向箭头将显示在目标和工具的面上。根据箭头侧选项设置,箭头指向将保留或移除的面的方向 |

| 选　项 | | 含　义 |
|---|---|---|
| 要移动的边 | 选择边 | 当类型为"按距离"或"已测量百分比"时出现,选择要修剪或延伸的边且只能选择边 |
| 延伸 | 距离 | 当类型为"按距离"时出现。输入选中对象延伸的距离值 |
| | 已测量边的百分比 | 当类型为"已测量百分比"时出现。输入要用于选中的测量边的百分比。目标对象的延伸距离是所有选中的测量边的总长度的百分比 |
| 设置 | 自然相切 | 在选中的边上,延伸曲面在与面相切的方向是线性的。这种类型的延伸为相切连续 |
| | 自然曲率 | 曲面延伸时曲率连续 |
| | 镜像的 | 面的延伸尽可能反映或"镜像"被延伸面的形状 |
| | 作为新面延伸（保留原有面） | 将原始边保留在目标面或工具面上。输入边缘不会受修剪或延伸操作的影响,且保持在其原始状态 |

## 4.5.3　剪断曲面

　　用于在指定的边界几何体上分割曲面或剪断一部分曲面。剪断曲面可修改目标曲面的底层极点结构。

　　**注意**　"剪断曲面"不同于"修剪曲面",剪断操作实际修改了输入曲面几何体,而修剪操作保留曲面不变。

　　单击"编辑曲面"工具栏中的"剪断曲面"按钮,打开"剪断曲面"对话框,如图 4.26 所示。剪断曲面示例如图 4.27 所示。

**图 4.26　"剪断曲面"对话框**

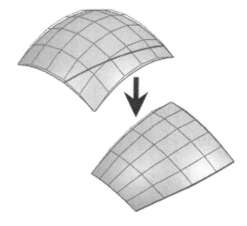

**图 4.27　剪断曲面示例**

　　"剪断曲面"对话框中主要选项含义如表4.14所示。

表 4.14　"剪断曲面"对话框中主要选项含义

| 选　项 | | 含　义 |
|---|---|---|
| 类型 | 用曲线剪断 | 通过选择横越目标面的曲线或边来定义剪断边界 |
| | 用曲面剪断 | 通过选择与目标面交叉并横越目标面的曲面来定义剪断边界 |
| | 在平面处剪断 | 通过选择与目标面交叉并横越目标面的平面来定义剪断边界 |
| | 在等参数面处剪断 | 通过指定沿 U 或 V 向的总目标面的百分比来定义剪断边界 |
| 目标 | 选择面 | 选择要剪断的面。目标面必须是仅包含一个面且未经修剪的片体 |
| 边界 | 选择剪断曲线 | 用于选择曲线、边或一串曲线或边作为边界对象 |
| | 选择剪断面 | 用于选择面作为边界对象 |
| | 指定剪断平面 | 使用平面对话框或从"平面"列表中选择一种方法以指定平面作为边界对象 |
| | U / V | 选择 U 或 V 向并沿该向剪断所选曲面。在％ U 参数或％ V 参数框中输入剪断百分比值,或拖动滑块调整百分比值 |
| 投影方向 | 垂直于面 | 使用目标面的法向作为投影方向矢量 |
| | 垂直于曲线平面 | 基于选定曲线的形状计算平面,并使用该平面的法矢计算投影方向矢量 |
| | 沿矢量 | 使用矢量构造器或矢量列表指定矢量 |
| 整修方法 | 保持参数化 | 剪断的曲面将具有与原曲面相同的阶次和补片结构 |
| | 阶次和补片数 | 指定新曲面的阶次和补片数值 |
| | 阶次和公差 | 指定新曲面的阶次值以及用于创建新边界的公差范围。在整修过程中,阶次按指定的值保持固定,新的曲面分成许多补片以满足指定的公差 |
| | 补片数和公差 | 指定新曲面的补片值以及用于创建新边界的公差范围。在整修过程中补片值固定,而新曲面的阶次经过修改以符合指定的公差 |

## 4.5.4　扩大曲面

　　用于在选取的被修剪的或原始的表面基础上生成一个扩大或缩小的曲面。

　　单击"编辑曲面"工具栏中的"扩大"按钮,打开"扩大"对话框,如图 4.28 所示。扩大曲面示例如图 4.29 所示。

图 4.28　"扩大"对话框

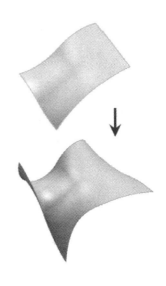

图 4.29　扩大曲面示例

"扩大"对话框中各项参数说明如表 4.15 所示。

表 4.15　"扩大"对话框中主要选项含义

| 选　项 | | 含　义 |
|---|---|---|
| 选择面 | | 选择要修改的曲面 |
| 调整大小参数 | 全部 | 用于同时改变 U 向和 V 向的最大和最小值 |
| | ％ U 起点等 | 指定片体各边的修改百分比 |
| | 重置调整大小参数 | 在创建模式下,将参数值和滑块位置重置为默认值（0,0,0,0） |
| 设置 | 线性 | 是指曲面上延伸部分是沿直线延伸而成的直纹面。该选项只能扩大曲面,不可以缩小曲面 |
| | 自然 | 是指曲面上的延伸部分是按照曲面本身的函数规律延伸。该选项既可以扩大曲面也可以缩小曲面 |
| 编辑副本 | | 对片体副本执行扩大操作。如果没有选中这个框,则将扩大原始片体 |

# 4.6　缝 合 曲 面

可将两个或更多个片体连接成一个片体。如果这组片体包围一定的体积,则创建一个实体。但所选片体的任何缝隙都不能大于指定公差，否则将获得一个片体，而非实体。

　　**注意**　对象是片体还是实体，有时靠外观无法判断。一个简易的方法是在没有任何命令激活的情况下，将选择条上的"选择过滤器"设置为"实体"，然后将光标移动到对象上方，如果可选，则该对象为实体。

　　选择菜单"插入"｜"组合"｜"缝合"，打开"缝合"对话框，如图 4.30 所示。缝合曲面示例如图 4.31 所示。

图 4.30　"缝合"对话框

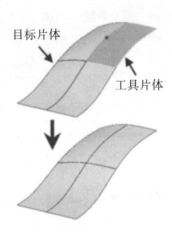

图 4.31　缝合曲面示例

　　"缝合"对话框中各主要选项说明如表 4.16 所示。

表 4.16　"缝合"对话框中主要选项含义

| 选　项 | | 含　义 |
|---|---|---|
| 类型 | 片体 | 缝合片体 |
| | 实体 | 缝合两个实体 |
| 目标 | 选择片体 | 用于选择目标片体 |
| 工具 | 选择片体 | 用于选择要缝合到目标片体的一个或多个工具片体。这些片体应与所选目标片体相连接 |
| 设置 | 输出多个片体 | 仅在类型为"片体"时可用。用于创建多个缝合体 |
| | 缝合所有实例 | 如果选定体是某个实例阵列的一部分，则缝合整个实例阵列，否则只缝合选择的实例 |

# 4.7　曲面实体化

## 4.7.1　加厚

可将一个或多个相互连接的面或片体加厚为一个实体。加厚效果是通过将选定面沿着其法向进行偏置然后创建侧壁而生成的。

选择菜单"插入"｜"偏置/缩放"｜"加厚",打开"加厚"对话框,如图 4.32 所示。加厚曲面示例如图 4.33 所示。

图 4.32　"加厚"对话框

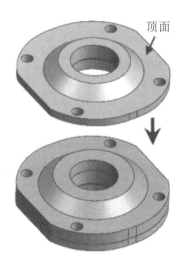

图 4.33　加厚曲面示例

"加厚"对话框中各主要选项说明如表 4.17 所示。

表 4.17　"加厚"对话框中主要选项含义

| 选　项 | | 含　义 |
| --- | --- | --- |
| 面 | 选择面 | 选择要加厚的面和片体。所有选定对象必须相互连接 |
| 厚度 | 偏置 1、2 | 为加厚特征指定一个或两个偏置值。正偏置值应用于加厚方向,该方向由显示的箭头指示。负值应用在负方向上。这两个偏置值相加的结果必须是非零厚度 |

## 4.7.2　片体到实体助理

通过自动执行一组片体的缝合然后加厚的过程,由几组未缝合片体生成实体。如果指定的片体造成这个过程失败,那么将自动完成对它们的分析,以找出问题的根源。有时此过程可得到简单推导出的补救措施,但有时必须重新构建曲面。

选择菜单"插入"|"偏置/缩放"|"片体到实体助理",打开"片体到实体助理"对话框,如图4.34所示。片体到实体助理示例如图4.35所示。

图 4.34 "片体到实体助理"对话框

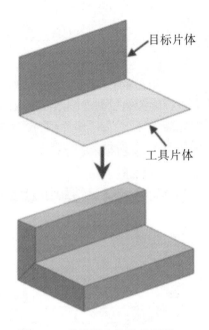

图 4.35 片体到实体助理示例

该对话框中各主要选项说明如表4.18所示。

表 4.18 "片体到实体助理"对话框中主要选项含义

| 选　项 | | 含　义 |
|---|---|---|
| 选择步骤 | 🖼 目标片体 | 选择一个目标片体,该片体上会显示一个箭头表示偏置的方向 |
| | 🖼 工具片体 | 用于选择一个或多个要缝合到目标中的工具片体。该步骤是可选的。如果未选择任何工具片体,则不执行缝合操作,而只执行加厚操作 |
| 第一偏置/第二偏置 | | 为加厚特征指定一个或两个偏置值,这些数据输入字段的操作与加厚选项相同 |
| 分析结果显示 | | 该选项最初是关闭的而且不可用。当创建一个实体却产生输入检查故障,其中每一个分析结果项只有在显示相应的数据时才可用,如果此时打开其中一个可用选项,将在图形窗口中高亮显示相应的拓扑 |
| 补救选项 | | 可以打开自己认为可以帮助创建实体的任何补救选项 |

# 4.8 设计实例:玩具企鹅的设计

操作步骤如下:

**1. 身体曲面设计**

(1) 新建文件

选择菜单中的"文件"|"新建"命令,或选择 🗋 (创建一个新的文件)按钮,系统出现"新建"对话框,在"名称"栏中输入"qie",在"单位"下拉框中选择"毫米",单击 确定 按钮,创建一个名为"qie. prt"、单位为"毫米"的文件,并自动启动"建模"应用程序。

(2) 显示基准坐标系

选择菜单中的"格式"|"图层设置"命令,系统出现"图层设置"对话框,勾选61层使其可选,将基准坐标系显示出来。

(3) 创建草图

选择菜单中的"插入"|"草图"命令,或单击"特征"工具条上的 🖾 (草图)按钮,系统弹出"创建草图"对话框,在"平面选项"下拉列表中选择"现有的平面",在绘图区选择 XZ 基准面,单击"确定"按钮,进入草图绘制模式并启动"轮廓"命令。绘制如图 4.36 所示的草图轮廓并添加几何和尺寸约束。

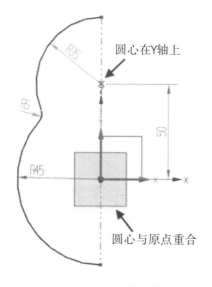

图 4.36 绘制并约束草图

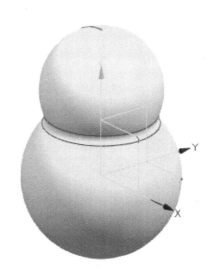

图 4.37 创建回转曲面

(4) 创建回转曲面

选择菜单中的"插入"|"设计特征"|"回转"命令,或单击"特征"工具条上的 🜄 (回转)按钮,系统弹出"回转"对话框;选取草图为回转截面,选取基准轴 Z 为回转轴,"设置"选项中"体类型"设为"图纸页",其余选项按系统默认设置,单击 确定 按钮,完成回转特征的创建,如图 4.37 所示。

**注意**　回转曲面时轴线必须是参考线,而回转实体时轴线为实线和参考线均可。

（5）隐藏草图

在图形中选择草图,单击鼠标右键,在弹出的快捷菜单中选取"隐藏"命令将草图隐藏。

（6）创建缩放体特征

选择菜单中的"插入"｜"偏置/缩放"｜"缩放体"命令,系统弹出"缩放体"对话框,如图4.38所示;选取回转曲面为要缩放的体,"比例因子"按图4.38所示设置,其余选项按系统默认设置,单击 确定 按钮,完成缩放体的创建,如图4.39所示。

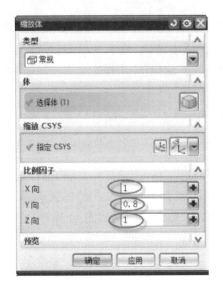

图 4.38　"缩放体"对话框

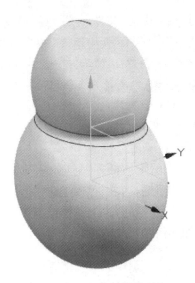

图 4.39　创建缩放体特征

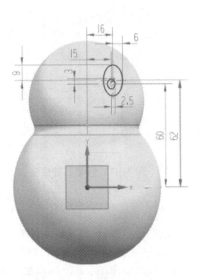

图 4.40　绘制草图

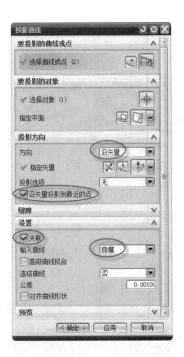

图 4.41　"投影曲线"对话框

（7）创建草图

选择菜单中的"插入"|"草图"命令，或单击"特征"工具条上的⬚（草图）按钮，系统弹出"创建草图"对话框，在"平面选项"下拉列表中选择"现有的平面"，在绘图区选择 XZ 基准面，单击"确定"按钮，进入草图绘制模式并启动"轮廓"命令。

关闭"轮廓"浮动工具条和默认开启的按钮⬚（连续自动标注尺寸），在"草图工具"工具条中选择◎（椭圆）按钮，按照图 4.40 所示绘制两个椭圆并添加几何和尺寸约束。

（8）投影曲线

选择菜单中的"插入"|"来自曲线集的曲线"|"投影"命令，或单击"曲线"工具条上的⬚（投影曲线）按钮，系统弹出"投影曲线"对话框，如图 4.41 所示；选取草图曲线为要投影的曲线，选取企鹅的头部曲面为要投影的对象，选取基准轴 Y 轴的反方向为投影方向，其余选项按图 4.41 所示设置，单击⬚确定⬚按钮，完成曲线的投影，如图 4.42 所示。

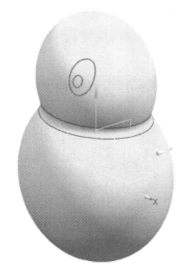

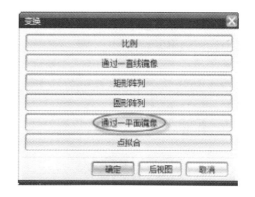

图 4.42 投影的曲线　　　　　　　　　图 4.43 "变换"对话框

（9）变换曲线

先选取上一步投影的曲线，再选择菜单中的"编辑"|"变换"命令，系统弹出"变换"对话框，如图 4.43 所示；选取"通过一平面镜像"按钮，系统弹出"平面"对话框，如图 4.44 所示；选取 YZ 基准平面为镜像平面，单击⬚确定⬚按钮，系统又弹出"变换"对话框，如图 4.45 所示，在对话框中选取"复制"按钮完成曲线的变换，结果如图 4.46 所示。

图 4.44  "平面"对话框          图 4.45  "变换"对话框

图 4.46  变换的曲线

图 4.47  "分割面"对话框

（10）分割曲面

选择菜单中的"插入"｜"修剪"｜"分割面"命令，或单击"特征"工具条上的 ⬩（分割面）按钮，系统弹出"分割面"对话框，如图 4.47 所示；选取企鹅头部曲面为要分割的面，选取左边的大椭圆为分割对象，其余选项按系统默认设置，单击 应用 按钮，完成曲面的第一次分割，如图 4.48 所示。

继续分割曲面：选取椭圆曲面为要分割的面，选取左边的小椭圆为分割对象，其余选项按系统默认设置，单击 应用 按钮，完成曲面的第二次分割，如图 4.49 所示。

以同样的方法用右边的两个椭圆分割剩下的企鹅头部曲面。

图 4.48　分割曲面

图 4.49　分割椭圆曲面

（11）设置颜色

首先选取分割后的两个大椭圆曲面,再选取菜单中的"编辑"|"对象显示"命令,系统弹出"编辑对象显示"对话框,如图 4.50 所示,设置颜色为蓝色,单击 确定 按钮,完成颜色的设置,如图 4.51 所示。

图 4.50　"编辑对象显示"对话框

图 4.51　设置大椭圆曲面颜色

用同样的方法设置小椭圆曲面的颜色为黑色,如图 4.52 所示。

图 4.52　设置小椭圆曲面颜色

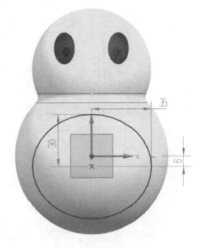

图 4.53　绘制草图

（12）绘制草图

选择菜单中的"插入"｜"草图"命令，或单击"特征"工具条上的(草图)按钮，系统弹出"创建草图"对话框，在"平面选项"下拉列表中选择"现有的平面"，在绘图区选择 XZ 基准面，单击"确定"按钮，进入草图绘制模式并启动"轮廓"命令。

关闭"轮廓"浮动工具条和默认开启的按钮(连续自动标注尺寸)，在"草图工具"工具条中选择(椭圆)按钮，按照图 4.53 所示绘制椭圆并添加几何和尺寸约束。

（13）投影曲线

选择菜单中的"插入"｜"来自曲线集的曲线"｜"投影"命令，或单击"曲线"工具条上的

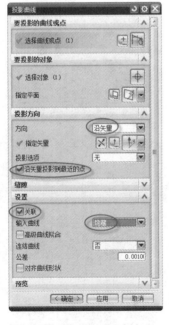

图 4.54　设置投影曲线选项

图 4.55　投影曲线

（投影曲线）按钮，系统弹出"投影曲线"对话框；选取椭圆草图曲线为要投影的曲线，选取企鹅的腹部曲面为要投影的对象，选取基准轴 Y 轴的反方向为投影方向，其余选项按图4.54所示设置，单击 确定 按钮，完成曲线的投影，如图 4.55 所示。

（14）分割曲面

选择菜单中的"插入"｜"修剪"｜"分割面"命令，或单击"特征"工具条上的 （分割面）按钮，系统弹出"分割面"对话框；选取企鹅腹部曲面为要分割的面，选取投影曲线为分割对象，其余选项按系统默认设置，单击 应用 按钮，完成曲面的分割，如图 4.56 所示。

（15）设置颜色

首先选取分割后的大椭圆曲面，再选取菜单中的"编辑"｜"对象显示"命令，系统弹出"编辑对象显示"对话框，设置颜色为蓝色，单击 确定 按钮，完成颜色的设置，如图 4.57 所示。

至此，完成了身体曲面的设计。

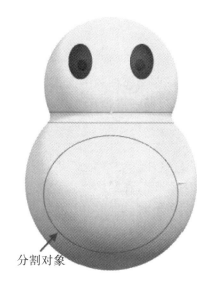

图 4.56　分割曲面

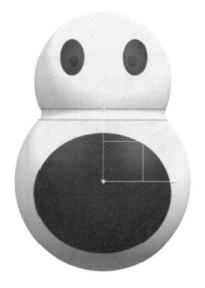

图 4.57　设置颜色

**2. 嘴巴曲面设计**

（1）绘制草图

选择菜单中的"插入"｜"草图"命令，或单击"特征"工具条上的 （草图）按钮，系统弹出"创建草图"对话框，在"平面选项"下拉列表中选择"现有的平面"，在绘图区选择 XZ 基准面，单击"确定"按钮，进入草图绘制模式并启动"轮廓"命令。

关闭"轮廓"浮动工具条和默认开启的按钮 （连续自动标注尺寸），在"草图工具"工具条中选择 （椭圆）按钮，按照图 4.58 所示绘制椭圆并添加几何和尺寸约束。

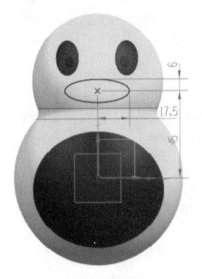

图 4.58　绘制草图

图 4.59　投影曲线

（2）投影曲线

选择菜单中的"插入"|"来自曲线集的曲线"|"投影"命令，或单击"曲线"工具条上的　（投影曲线）按钮，系统弹出"投影曲线"对话框；选取椭圆草图曲线为要投影的曲线，选取企鹅的头部曲面为要投影的对象，选取基准轴 Y 轴的反方向为投影方向，其余选项按图4.54所示设置，单击 确定 按钮，完成曲线的投影，如图 4.59 所示。

（3）创建基准平面

选择菜单中的"插入"|"基准/点"|"基准平面"命令，或单击"特征"工具条上的　（基准平面）按钮，系统弹出"基准平面"对话框，如图 4.60 所示；在绘图区选取 XY 基准面，在"距离"文本框中输入"45"，单击 确定 按钮创建一个基准平面，如图 4.61 所示。

图 4.60　"基准平面"对话框

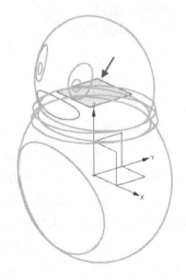

图 4.61　创建基准平面

（4）创建点

选择菜单中的"插入"｜"基准/点"｜"点"命令，或单击"特征"工具条上的 ＋（创建点）按钮，系统弹出"点"对话框，如图 4.62 所示；在"类型"选项中选取"交点"，在绘图区选取上一步创建的基准面，接着选取前面创建的投影曲线，单击 应用 按钮创建一个交点，重复上述步骤再创建基准平面与投影曲线的另一个交点，结果如图 4.63 所示。

图 4.62 "点"对话框

图 4.63 创建两个点

（5）绘制草图

选择菜单中的"插入"｜"草图"命令，或单击"特征"工具条上的 （草图）按钮，系统弹出"创建草图"对话框，在"平面选项"下拉列表中选择"现有的平面"，在绘图区选择前面创建的基准面，单击"确定"按钮，进入草图绘制模式并启动"轮廓"命令。

关闭"轮廓"浮动工具条和默认开启的按钮 （连续自动标注尺寸），在"草图工具"工具条中选择 （直线）和 （圆弧）按钮，按照图 4.64 所示绘制直线和圆弧并添加几何和尺寸约束。

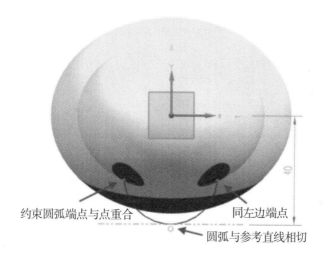

约束圆弧端点与点重合　　同左边端点

圆弧与参考直线相切

图 4.64 绘制并约束草图

（6）通过曲线组创建曲面

选择菜单中的"插入"｜"网格曲面"｜"通过曲线组"命令，或单击"曲面"工具条上的 ![icon]（通过曲线组）按钮，系统弹出"通过曲线组"对话框，如图 4.65 所示；分别依次选取一半投影曲线、上一步绘制的草图曲线及另一半投影曲线为截面曲线，如图 4.66 所示，单击 确定 按钮，完成曲面的创建，将草图曲线和投影曲线隐藏后效果如图 4.67 所示。

图 4.65　"通过曲线组"对话框

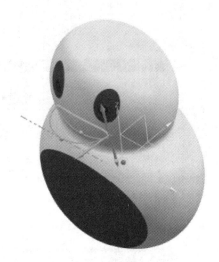

图 4.66　选取截面曲线

（7）创建倒圆曲面

选择菜单中的"插入"｜"细节特征"｜"面倒圆"命令，或单击"特征"工具条上的 ![icon]（面倒圆）按钮，系统弹出"面倒圆"对话框，如图 4.68 所示；分别依次选择头部曲面和嘴巴曲面为面链 1 和面链 2，如图 4.69 所示，注意调整面链的方向，单击 确定 按钮，完成倒圆曲面的

图 4.67　创建曲面

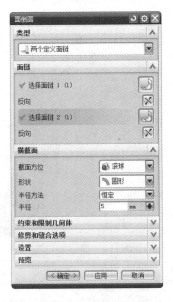

图 4.68　"面倒圆"对话框

创建,如图 4.70 所示。

　　至此,完成了企鹅嘴巴曲面的设计。

图 4.69　选取面链

图 4.70　创建倒圆曲面

### 3. 围巾曲面设计

（1）创建基准平面

　　选择菜单中的"插入"｜"基准/点"｜"基准平面"命令,或单击"特征"工具条上的□（基准平面）按钮,系统弹出"基准平面"对话框;在绘图区选取 XY 基准面,在"距离"文本框中输入"34",单击 确定 按钮创建一个基准平面,如图 4.71 所示。

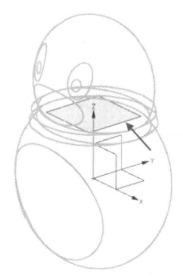

图 4.71　创建基准平面

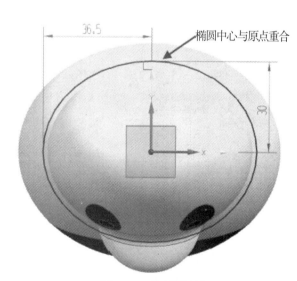

图 4.72　绘制椭圆草图

（2）绘制引导线

选择菜单中的"插入"｜"草图"命令，或单击"特征"工具条上的 (草图)按钮，系统弹出"创建草图"对话框，在"平面选项"下拉列表中选择"现有的平面"，在绘图区选择前面创建的基准面，单击"确定"按钮，进入草图绘制模式并启动"轮廓"命令。

关闭"轮廓"浮动工具条和默认开启的按钮 (连续自动标注尺寸)，在"草图工具"工具条中选择 (椭圆)按钮，按照图 4.72 所示绘制椭圆并添加几何和尺寸约束。

（3）绘制截面曲线

选择菜单中的"插入"｜"草图"命令，或单击"特征"工具条上的 (草图)按钮，系统弹出"创建草图"对话框，在"平面选项"下拉列表中选择"现有的平面"，在绘图区选择 XZ 基准面，单击"确定"按钮，进入草图绘制模式并启动"轮廓"命令。

关闭"轮廓"浮动工具条和默认开启的按钮 (连续自动标注尺寸)，在"草图工具"工具条中选择 (艺术样条)按钮，系统弹出"艺术样条"对话框，按照图 4.73 所示设置选择，按照图 4.74 所示绘制截面曲线。

同样，在 YZ 基准面按照图 4.75 所示再绘制两条截面曲线。

**注意**　截面曲线形状可以自定，要求轮廓以不规则为宜。

（4）设置建模首选项

选择菜单中的"首选项"｜"建模"命令，系统弹出"建模首选项"对话框，按图 4.76 所示设置选项，单击 确定 按钮完成建模首选项的设置。

图 4.73　"艺术样条"对话框

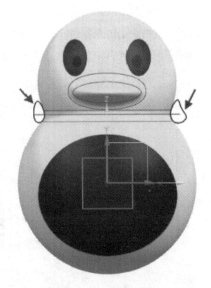

图 4.74　绘制截面曲线

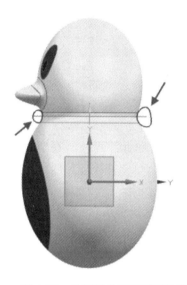

图 4.75 绘制另外两条截面曲线

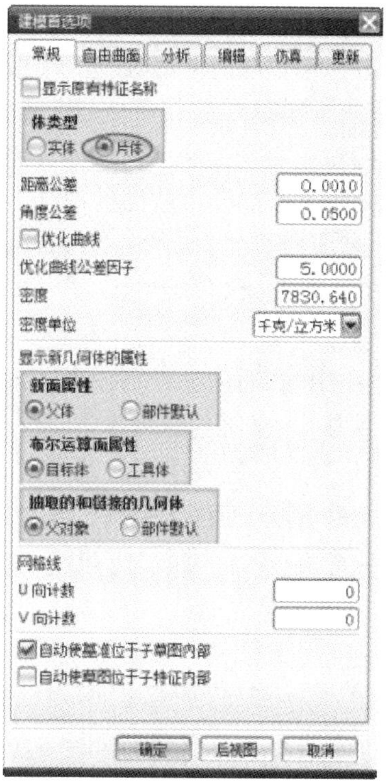

图 4.76 "建模首选项"对话框

（5）创建扫掠曲面

图 4.77 "扫掠"对话框

图 4.78 创建扫掠曲面

选择菜单中的"插入"|"扫掠"|"扫掠"命令,或单击"曲面"工具条上的 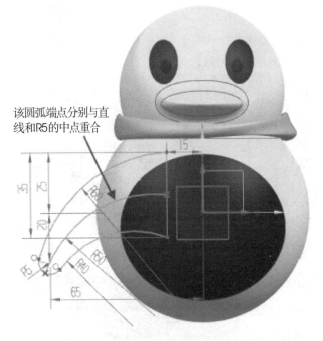(扫掠)按钮,系统弹出"扫掠"对话框,如图4.77所示。选取上一步绘制的4条截面曲线为截面(其中第1条截面曲线同时作为第5个截面重复选取一次),选取前面绘制的椭圆曲线为引导线,单击 确定 按钮完成扫掠曲面的创建。将所有截面曲线和引导线隐藏,结果如图4.78所示。

至此,完成了企鹅围巾曲面的设计。

**注意** 截面曲线的方向应一致,否则创建的曲面将产生扭曲变形。

**4. 手臂曲面设计**

(1) 绘制引导线

选择菜单中的"插入"|"草图"命令,或单击"特征"工具条上的 (草图)按钮,系统弹出"创建草图"对话框,在"平面选项"下拉列表中选择"现有的平面",在绘图区选择XZ基准面,单击"确定"按钮,进入草图绘制模式并启动"轮廓"命令。

关闭"轮廓"浮动工具条和默认开启的按钮 (连续自动标注尺寸),在"草图工具"工具条中选择 (直线)和 (圆弧)按钮,按照图4.79所示绘制草图并添加几何和尺寸约束。

(2) 创建基准平面

选择菜单中的"插入"|"基准/点"|"基准平面"命令,或单击"特征"工具条上的 (基准平面)按钮,系统弹出"基准平面"对话框;在绘图区首先选取YZ基准面,接着选取上一步绘制草图中的直线,对话框设置如图4.80所示;单击 确定 按钮创建一个过直线且与YZ基准面平行的基准平面,如图4.81所示。

(3) 绘制截面曲线

选择菜单中的"插入"|"草图"命令,或单击"特征"工具条上的 (草图)按钮,系统弹出"创建草图"对话框,在"平面选项"下拉列表中选择"现有的平面",在绘图区选择前面创建的

图 4.79　绘制引导线草图　　　　　　　　　图 4.80　设置"基准平面"选项

基准面,单击"确定"按钮,进入草图绘制模式并启动"轮廓"命令。

关闭"轮廓"浮动工具条和默认开启的按钮 (连续自动标注尺寸),在"草图工具"工具条中选择 (椭圆)按钮,按照图 4.82 所示绘制椭圆并添加几何和尺寸约束。

**提示** 稍微旋转图形,可方便约束椭圆中心与草图直线中点重合。

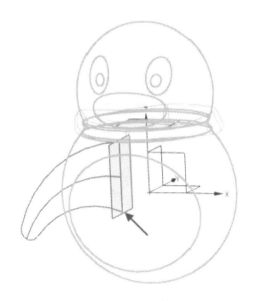 

图 4.81 创建基准平面 图 4.82 绘制椭圆草图

(4) 创建扫掠曲面

选择菜单中的"插入"|"扫掠"|"扫掠"命令,或单击"曲面"工具条上的 (扫掠)按钮,系统弹出"扫掠"对话框。选取上一步绘制的椭圆曲线为截面,分别选取如图 4.83 中所示的上、下圆弧曲线为引导线 1 和引导线 2,单击 确定 按钮完成扫掠曲面的创建。将所有截面曲线和引导线隐藏,结果如图 4.84 所示。

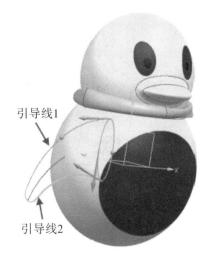 

图 4.83 选取截面和引导线 图 4.84 创建扫掠曲面

（5）镜像扫掠曲面

选择菜单中的"插入"|"关联复制"|"镜像特征"命令，系统弹出"镜像特征"对话框，如图 4.85 所示。选取上一步的扫掠曲面为要镜像的特征，选取 YZ 平面为镜像平面，单击 确定 按钮完成镜像曲面的创建，结果如图 4.86 所示。

图 4.85　"镜像特征"对话框

图 4.86　镜像扫掠曲面

（6）创建倒圆曲面

选择菜单中的"插入"|"细节特征"|"面倒圆"命令，或单击"特征"工具条上的 （面倒圆）按钮，系统弹出"面倒圆"对话框；分别选取扫掠曲面和身体曲面为面链 1 和面链 2，注意调整面链的方向，如图 4.87 所示；单击 确定 按钮，完成倒圆曲面的创建，如图 4.88 所示。同样的方法创建右侧的倒圆曲面。

至此，完成了企鹅手臂曲面的设计。

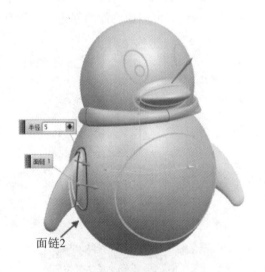

图 4.87　选取面链 1 和面链 2

图 4.88　创建倒圆曲面

**5. 腿曲面设计**

（1）创建基准平面

选择菜单中的"插入"|"基准/点"|"基准平面"命令，或单击"特征"工具条上的 □（基准平面）按钮，系统弹出"基准平面"对话框；在绘图区选取 XY 基准面，在"距离"文本框中输入"50"，单击 确定 按钮创建一个基准平面，如图 4.89 所示。

图 4.89　创建基准平面

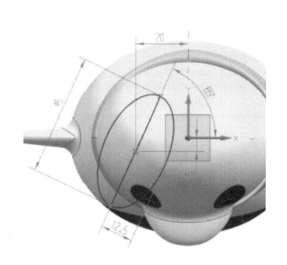

图 4.90　绘制草图

（2）绘制草图

选择菜单中的"插入"|"草图"命令，或单击"特征"工具条上的 ⬚（草图）按钮，系统弹出"创建草图"对话框，在"平面选项"下拉列表中选择"现有的平面"，在绘图区选择前面创建的基准面，单击"确定"按钮，进入草图绘制模式并启动"轮廓"命令。

关闭"轮廓"浮动工具条和默认开启的按钮 ⬚（连续自动标注尺寸），在"草图工具"工具条中选择 ◎（椭圆）和 ╱（直线）按钮，按照图 4.90 所示绘制椭圆并添加几何和尺寸约束。

（3）创建基准平面

选择菜单中的"插入"|"基准/点"|"基准平面"命令，或单击"特征"工具条上的 □（基准平面）按钮，系统弹出"基准平面"对话框，按照如图 4.91 所示设置各选项，在绘图区选取上一步草图中的直线，单击 确定 按钮创建一个基准平面，如图 4.92 所示。

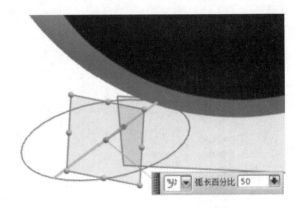

**图 4.91　设置"基准平面"选项**　　　　　　　　**图 4.92　创建基准平面**

（4）绘制草图

选择菜单中的"插入"｜"草图"命令，或单击"特征"工具条上的 （草图）按钮，系统弹出"创建草图"对话框，在"平面选项"下拉列表中选择"现有的平面"，在绘图区选择前面创建的基准面，单击"确定"按钮，进入草图绘制模式并启动"轮廓"命令。

关闭"轮廓"浮动工具条和默认开启的按钮 （连续自动标注尺寸），在"草图工具"工具条中选择 （椭圆）按钮，按照图 4.93 所示绘制椭圆并添加几何和尺寸约束。

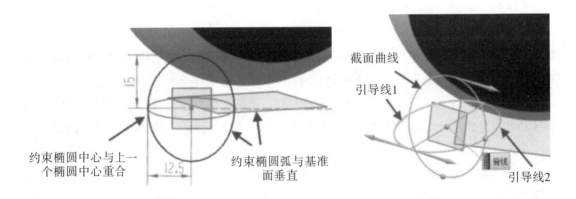

**图 4.93　绘制并约束草图**　　　　　　　　　**图 4.94　创建扫掠曲面**

（5）创建扫掠曲面

选择菜单中的"插入"｜"扫掠"｜"扫掠"命令，或单击"曲面"工具条上的 （扫掠）按钮，系统弹出"扫掠"对话框。选取上一步绘制的椭圆曲线为截面，分别选取如图 4.94 所示的两个半椭圆弧曲线为引导线 1 和引导线 2，选取中间的直线为脊线，单击 确定 按钮完成扫掠曲面的创建。将所有截面曲线和引导线隐藏，结果如图 4.95 所示。

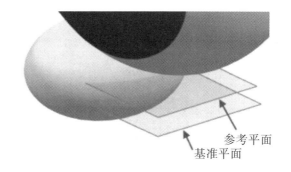

图 4.95　创建扫掠曲面　　　　　　　　图 4.96　创建基准平面

（6）创建基准面

选择菜单中的"插入"｜"基准/点"｜"基准平面"命令，或单击"特征"工具条上的 □（基准平面）按钮，系统弹出"基准平面"对话框；在绘图区选取参考平面，在"距离"文本框中输入"5"，单击 确定 按钮创建一个基准平面，如图 4.96 所示。

（7）修剪曲面

选择菜单中的"插入"｜"修剪"｜"修剪体"命令，或单击"特征"工具条上的 ▨（修剪体）按钮，系统弹出"修剪体"对话框，如图 4.97 所示。在绘图区选取扫掠曲面为目标体，选取上一步创建的基准平面为工具体，注意调整修剪的方向，单击 确定 按钮完成修剪曲面操作，如图 4.98 所示。

图 4.97　"修剪体"对话框　　　　　　　图 4.98　修剪曲面

（8）创建有界平面

选择菜单中的"插入"│"曲面"│"有界平面"命令，系统弹出"有界平面"对话框，如图 4.99 所示在绘图区选取修剪曲面的边界为截面曲线，单击 ▣确定 按钮完成修剪曲面操作，如图 4.100 所示。

截面曲线

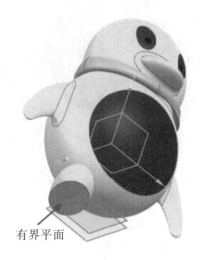

有界平面

**图 4.99　选取截面曲线**　　　　　　　　**图 4.100　创建有界平面**

（9）绘制草图

选择菜单中的"插入"│"草图"命令，或单击"特征"工具条上的 ▣（草图）按钮，系统弹出"创建草图"对话框，在"平面选项"下拉列表中选择"现有的平面"，在绘图区选择图 4.96 创建的基准面，单击"确定"按钮，进入草图绘制模式并启动"轮廓"命令。

关闭"轮廓"浮动工具条和默认开启的按钮 ▣（连续自动标注尺寸），在"草图工具"工具条中选择 ▣（矩形）按钮，按照图 4.101 所示绘制矩形并添加几何和尺寸约束。

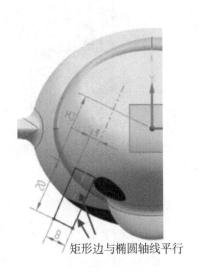

矩形边与椭圆轴线平行

**图 4.101　绘制草图**　　　　　　　　**图 4.102　设置"拉伸"选项**

（10）创建拉伸曲面

选择菜单中的"插入"|"设计特征"|"拉伸"命令，或单击"特征"工具条上的 ▥（拉伸）按钮，系统弹出"拉伸"对话框；选取草图为拉伸截面，各选项按如图 4.102 所示设置，单击 ▭确定 按钮，完成拉伸曲面的创建，如图 4.103 所示。

图 4.103　创建拉伸曲面　　　　　　图 4.104　"修剪片体"对话框

（11）修剪曲面

选择菜单中的"插入"|"修剪"|"修剪片体"命令，弹出"修剪片体"对话框，如图 4.104 所示；在绘图区按照如图 4.105 所示选取目标体和边界对象，单击 ▭确定 按钮完成修剪曲面操作，隐藏拉伸曲面和草图后结果如图 4.106 所示。

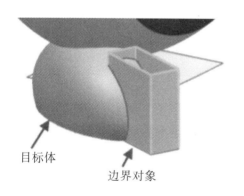

目标体

边界对象

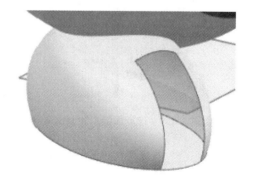

图 4.105　选取目标体和边界对象　　　　图 4.106　创建修剪曲面

（12）绘制草图

选择菜单中的"插入"|"草图"命令，或单击"特征"工具条上的 ▨（草图）按钮，系统弹出"创建草图"对话框，在"平面选项"下拉列表中选择"现有的平面"，在绘图区选择图 4.107 所

示的基准面,单击"确定"按钮,进入草图绘制模式并启动"轮廓"命令。

关闭"轮廓"浮动工具条和默认开启的按钮 ▦（连续自动标注尺寸）,在"草图工具"工具条中选择 ◣（圆弧）按钮,按照图 4.108 所示绘制曲线并添加几何和尺寸约束。

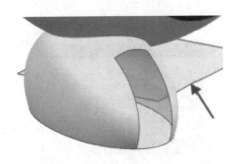

图 4.107　选取草图基准面

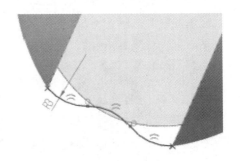

图 4.108　绘制草图

**提示**　为了使草图看起来更清晰,已将部分曲面隐藏。草图曲线由三段半径为 3 mm 的相同圆弧组成,草图两端约束在曲面边缘上。

（13）创建倒圆曲面

选择菜单中的"插入"｜"细节特征"｜"面倒圆"命令,或单击"特征"工具条上的 ◩（面倒圆）按钮,系统弹出"面倒圆"对话框;如图 4.109 所示分别选取面链 1 和面链 2,注意调整面链的方向,单击 确定 按钮,完成倒圆曲面的创建,如图 4.110 所示。

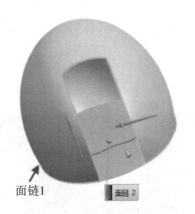

面链1　　　面链 2

图 4.109　选取面链 1 和面链 2

图 4.110　创建的倒圆曲面

（14）创建网格曲面

选择菜单中的"插入"｜"网格曲面"｜"通过曲线网格"命令,或单击"曲面"工具条上的 ◪（通过曲线网格）按钮,系统弹出"通过曲线网格"对话框;按照如图 4.111 所示选取主曲线和交叉曲线,其他选项按系统默认设置,单击 确定 按钮,完成网格曲面的创建,如图 4.112 所示。

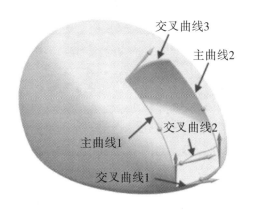

图 4.111  选取主曲线和交叉曲线

图 4.112  创建网格曲面

（15）缝合曲面

选择菜单中的"插入"｜"组合"｜"缝合"命令，或单击"特征"工具条上的 ▥（缝合）按钮，系统弹出"面倒圆"对话框；如图 4.113 所示分别选取目标曲面和工具曲面，单击 确定 按钮，完成缝合曲面的操作，如图 4.114 所示。

**注意**  缝合以后仍为曲面，如不符合要求可通过"建模首选项"进行设置后再进行缝合曲面操作。

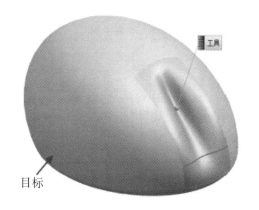

图 4.113  选取目标曲面和工具曲面

图 4.114  缝合曲面

（16）变换曲面

首先选取上一步的缝合曲面，再选择菜单中的"编辑"｜"变换"命令，系统弹出"变换"对话框，如图 4.115 所示。单击"通过一平面镜像"按钮，系统弹出"平面"对话框，如图 4.116 所示。在绘图区选取 YZ 平面，单击 确定 按钮，系统弹出"变换"对话框，如图 4.117 所示。选择"复制"按钮完成变换曲面的创建，结果如图 4.118 所示。

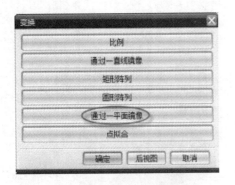

图 4.115   "变换"对话框

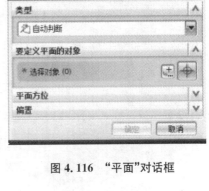

图 4.116   "平面"对话框

图 4.117   "变换"对话框

图 4.118   变换曲面

(17) 创建倒圆曲面

选择菜单中的"插入"｜"细节特征"｜"面倒圆"命令,或单击"特征"工具条上的 ▦ (面倒圆)按钮,系统弹出"面倒圆"对话框,设置半径为 4 mm;如图 4.119 所示分别选取面链 1 和面链 2,注意调整面链的方向,单击 确定 按钮,完成倒圆曲面的创建,如图 4.120 所示。

图 4.119   选取面链

图 4.120   创建倒圆曲面

重复上一步,创建另一侧倒圆,结果如图 4.121 所示。

图 4.121　创建另一侧倒圆曲面

图 4.122　设置颜色

(18) 设置颜色

选取菜单中的"编辑"|"对象显示"命令,设置企鹅围巾为红色,企鹅头部和身体为黑色,如图 4.122 所示。

至此,完成了全部曲面的设计。

**6. 保存文件**

按指定路径保存文件。

# 4.9　小　　结

本章主要介绍了常用的几种曲面建模及曲面编辑的方法,重点讲解了一般曲面、网格曲面、扫掠曲面、弯边曲面等的创建方法。接着介绍了修剪片体、修剪与延伸、剪断曲面、扩大曲面等曲面编辑操作及缝合曲面、曲面实体化的方法。最后通过具体操作实例——企鹅玩具曲面造型设计,完整地展现出一个模型的建模基本操作过程。本章难点较多,操作中会遇到很多曲面造型冲突或参数化不正确等问题,需要反复练习才能熟练掌握。

# 习　　题

1. 根据素材文件 chapter4/lianxi1.prt 创建水瓶模型,如图 4.123 所示。
2. 根据素材文件 chapter4/lianxi2.prt 创建反光镜模型,如图 4.124 所示。
3. 根据素材文件 chapter4/lianxi3.prt 创建车身模型,如图 4.125 所示。

图 4.123　水瓶模型

图 4.124　反光镜模型

图 4.125　车身模型

# 第5章 装配设计

## 5.1 装配概述

UG 装配过程是指在装配中建立部件之间的链接关系。它是通过关联条件在部件间建立约束关系,进而来确定部件在产品中的位置,形成产品的整体机构。在 UG 装配过程中,部件的几何体是被装配引用的,而不是复制到装配中的,因此无论在何处编辑部件和如何编辑部件,其装配部件均保持关联性,如果某部件修改,则引用它的装配部件将自动更新。

UG NX 8.0 装配模块不仅能快速组合零部件成为产品,而且在装配中可参照其他部件进行部件关联设计,并可对装配模型进行间隙分析、重量管理等操作。装配模型生成后,可建立爆炸视图,并可将其引入到装配工程图中;同时,在装配工程图中可自动产生装配明细表,并能对轴测图进行局部剖切。

本章将在前面章节的基础上,讲述如何利用 UG NX 8.0 的强大装配功能将多个部件或零件装配成一个完整的组件。

### 5.1.1 装配的基本术语

装配部件:是指由零件和子装配构成的部件。在 UG 中可以向任何一个 prt 文件中添加部件构成装配,因此任何一个 prt 文件都可以作为装配部件。在 UG 装配学习中,零件和部件不必严格区分。需要注意的是:存储一个装配时,各部件的实际几何数据并不是存储在装配部件文件中,而是存储在相应的部件或零件文件中。

子装配:是指在高一级装配中被用作组件的装配。子装配也拥有自己的组件。它是一个相对的概念,任何一个装配部件都可在更高级装配中用作子装配。

组件:按特定位置和方向使用在装配中的部件。组件可以是由其他级别较低的组件组成的子装配。装配中的每个组件仅包含一个指向其主几何体的指针。在修改组件的几何体时,装配中使用相同主几何体的所有其他组件将自动更新。

组件部件:是指装配中的组件指向的部件文件或零件,即装配部件链接到部件主模型的指针实体。

主模型:是指供 UG 模块共同引用的部件模型。同一主模型,可同时被工程图、装配、加工、机构分析和有限元分析等模块引用,当主模型修改时,相关应用自动更新。

自底向上装配:自底向上装配是先创建部件几何模型,再组合成子装配,最后生成装配部件的装配方法。

自顶向下装配:是指在上下文中进行装配,即从装配部件的顶级向下产生子装配和零件的装配方法。先在装配结构树的顶部生成一个装配，然后下移一层，生成子装配和组件。

混合装配：是将自顶向下装配和自底向上装配结合在一起的一种装配方法。

## 5.1.2　引用集

在装配时，各部件中均含有草图、基准平面及其他辅助数据，如果要显示装配中所有组件或子装配部件的所有内容，则数据量极大，需要占用大量内存，不利于装配操作和管理且限制了计算机的速度。通过引用集能够限定组件装入装配中的信息数据量，同时避免了加载不必要的几何信息，提高了计算机的运行速度。一个零部件可以有多个引用集。

### 1. 基本概念

引用集：就是部件中已命名的几何体集合，可用于在较高级别的装配中简化组件部件的图形显示。引用集可以包含下列数据：名称、原点、方位、几何对象、坐标系、基准和图样体素。在系统默认状态下，每个装配件都有两个引用集：全集和空集。全集表示整个部件，即引用部件的全部几何数据。在添加部件到装配时，如果不选择其他引用集，默认状态使用全集。空集是不含任何几何数据的引用集，当部件以空集形式添加到装配中时，装配中看不到该部件。

"模型"和"轻量化"引用集：在系统装配时，还会增加这两种引用集，从而定义实体模型和轻量化模型。

### 2. 创建引用集

单击"格式"｜"引用集"，打开"引用集"对话框，如图5.1所示。利用对话框可以添加和编辑引用集。

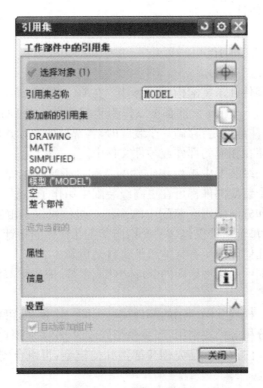

**图5.1　"引用集"对话框**

对话框中常用选项说明如表 5.1 所示。

**表 5.1 "引用集"对话框选项说明**

| 选 项 | 说 明 |
|---|---|
| 引用集名称 | 用于重命名活动的引用集 |
| 添加新的引用集 | 创建具有默认名称的新引用集 |
| 引用集列表框 | 显示可用的引用集 |
| 设为当前的 | 将选定的引用集设置为当前引用集 |
| 属性 | 打开"引用集属性"对话框 |
| 信息 | 显示有关所选引用集的"信息"窗口,其中包含引用集名称、成员组件的数量和对象类型 |
| 自动添加组件 | 设置是否将新创建的组件自动添加到高亮显示的引用集 |

# 5.2  装配导航器

装配导航器是一种装配结构的图形显示界面,又被称为装配树。在装配树结构中,每个组件作为一个节点显示。它能清楚反映装配中各个组件的装配关系,而且能让用户快速便捷地选取和操作各个部件。例如,用户可以在装配导航器中改变显示部件和工作部件、隐藏和显示组件。单击用户界面资源工具条区中的"装配导航器"按钮,显示"装配导航器"对话框,如图 5.2 所示。

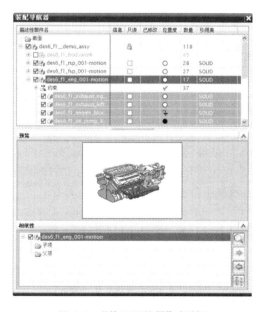

**图 5.2  "装配导航器"对话框**

## 5.2.1　装配导航器主面板功能

装配导航器主面板用于标识特定组件，并显示层次结构树。其中有很多图标，不同的图标表示不同的信息，如表5.2所示。

**表5.2　装配导航器面板中图标含义**

| 图　标 | 含　义 |
|---|---|
| | 用于查看截面和组件组的容器 |
| | 展开装配或子装配节点 |
| | 折叠装配或子装配节点 |
| | 在存在约束的每个装配节点下出现。展开以显示装配约束 |
| | 表示存在一个或多个矛盾的或未解算的约束 |
| | 表示过约束 |
| | 表示未解算的约束 |
| | 装配是工作部件或工作部件的组件 |
| | 虽然装配已加载，但它并不是工作部件或工作部件的组件 |
| | 装配未加载 |
| | 仅当选择装配导航器工具条或菜单上的包含被抑制的组件选项时显示。表示装配已被抑制 |
| | 组件是工作部件或工作部件的组件 |
| | 组件既不是工作部件，也不是工作部件的组件 |
| | 组件已关闭 |
| | 仅当在装配导航器快捷菜单上或工具→装配导航器菜单上选择包含被抑制的组件选项时显示。表示组件已被抑制 |

## 5.2.2　装配导航器预览面板功能

如图5.2所示，在"装配导航器"对话框中单击"预览"标题栏，可展开或折叠面板。装配导航器的预览面板可显示选定组件的已保存部件预览。添加新组件时，如果该组件已加载到系统中，预览面板也会显示该组件的预览。

## 5.2.3　装配导航器相依性面板功能

在"装配导航器"对话框中单击"相依性"标题栏，可展开或折叠面板。"装配导航器"的"相依性"面板会显示所选装配或零件节点的当前父级和子级相依性。可用相依性面板中的结构确定修改的潜在影响。

# 5.3　装 配 工 具

## 5.3.1　添加组件

在装配过程中,一般需要添加其他组件,将所选组件调入装配环境中,再在组件与装配体之间建立相关约束,从而形成装配模型。

执行"装配"|"组件"|"添加组件"命令,弹出"添加组件"对话框,如图 5.3 所示。

**图 5.3　"添加组件"对话框**

对话框中常用选项说明如表 5.3 所示。

**表 5.3　"添加组件"对话框选项说明**

| 选项 | | 说明 |
|---|---|---|
| 部件 | 选择部件 | 选择要添加到工作部件中的一个或多个部件。可从以下位置选择部件:图形窗口、装配导航器、"已加载的部件"列表或"最近访问的部件"列表 |
| | 已加载的部件 | 列出当前已加载的部件 |
| | 最近访问的部件 | 列出最近添加的部件 |
| | 打开 | 打开部件名对话框,可选择要添加到工作部件的一个或多个部件 |

| | 选 项 | 说 明 |
|---|---|---|
| 放置 | 定位 | 设置已添加组件的定位方法。<br>绝对原点:将组件放置在绝对点(0,0,0)上。<br>选择原点:将组件放置在所选的点上。将显示点对话框用于选择点。<br>通过约束:在指定初始位置后,打开装配约束对话框。<br>移动组件:在定义初始位置后,可移动已添加的组件 |
| | 分散 | 选中该复选框后,可自动将组件放置在各个位置,以免组件重叠 |
| 复制 | 多重添加 | 确定是否要添加多个组件实例,有以下 3 种选择:<br>无:仅添加一个组件实例。<br>添加后重复:用于立即添加一个新添加组件的其他实例。<br>添加后生成阵列:用于创建新添加组件的阵列。如果要添加多个组件,则此选项不可用 |
| 设置 | 名称 | 将当前所选组件的名称设置为指定的名称。<br>如果要添加多个组件,则此选项不可用 |
| | 引用集 | 设置已添加组件的引用集 |
| | 图层选项 | 设置要向其中添加组件和几何体的图层 |
| | 图层 | 当"图层选项"是"按指定的"时出现。设置组件和几何体的图层 |

## 5.3.2 装配约束

该选项用于定义或设置两个组件之间的约束条件,用于确定组件在装配中的位置。

在"添加组件"对话框"定位"下拉列表框中选择"通过约束"选项,单击"确定"按钮(或单击"装配"工具栏中的"装配约束"按钮),进入"装配约束"对话框,如图 5.4 所示。

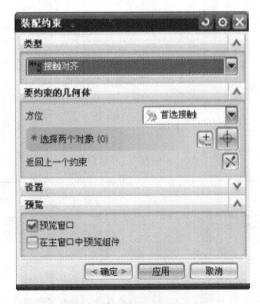

**图 5.4 "装配约束"对话框**

对话框中常用选项说明如表 5.4 所示。

**表 5.4 "装配约束"对话框选项说明**

| 选 项 | | 说 明 |
|---|---|---|
| 类型 | ⇥⇤ 接触对齐 | 约束两个组件,使它们彼此接触或对齐。该约束最常用。注意:使用"接触"和"对齐"时,两个参照必须为同一类型(例如平面对平面、点对点) |
| | ◎ 同心 | 约束两个组件的圆形边或椭圆形边中心重合,并使边的平面共面 |
| | ┠┨ 距离 | 指定两个对象之间的最小 3D 距离 |
| | ⟂ 固定 | 将组件固定在其当前位置上 |
| | ∥ 平行 | 将两个对象的方向矢量定义为相互平行 |
| | ⌐L 垂直 | 将两个对象的方向矢量定义为相互垂直 |
| | ═ 拟合 | 将半径相等的两个圆柱面结合在一起。此约束对确定孔中销或螺栓的位置很有用。如果以后半径变为不等,则该约束无效 |
| | ⌑ 胶合 | 将组件"焊接"在一起,使它们作为刚体移动 |
| | ⊪⊩ 中心 | 使一对对象之间的一个或两个对象居中,或使一对对象沿另一个对象居中 |
| | ∡ 角度 | 定义两个对象间的角度尺寸 |
| 要约束的几何体 | 方位 | 在"类型"为"接触对齐"时出现,用于按以下方式影响接触对齐约束可能的解。<br>首选接触:当接触和对齐解都可能时显示接触约束,当接触约束过度约束装配时显示对齐约束。<br>接触:约束对象,使其曲面法向在反方向上。<br>对齐:约束对象,使其曲面法向在相同方向上。<br>自动判断中心/轴:指定在选择圆柱面、圆锥面、球面或圆形边界时,自动使用对象的中心或轴作为约束 |
| | 子类型 | 仅在"类型"为"角度"或"中心"时才出现。<br>当指定"角度"约束时:<br>3D 角:在不需要已定义的旋转轴的情况下在两个对象之间进行测量。<br>定位角:使用选定的旋转轴测量两个对象之间的角度约束。它可支持最大 360°的旋转。<br>当指定"中心"约束时:<br>1 对 2:使一个对象在一对对象间居中。<br>2 对 1:使一对对象沿着另一个对象居中。<br>2 对 2:使两个对象在一对对象间居中 |
| | 轴向几何体 | 仅在"类型"为"中心"并且"子类型"为"1 对 2"或"2 对 1"时才出现。用于指定当选择了一个面(圆柱面、圆锥面或球面)或圆形边界时所用的中心约束。<br>使用几何体:使用面(圆柱面、圆锥面或球面)或边界作为约束。<br>自动判断中心/轴:使用对象的中心或轴作为约束 |

**注意** 约束不是随意添加的,各种约束之间存在一定的制约关系,如果后加的约束与前面的约束冲突,那么将不能添加成功。

## 5.3.3 移动组件

在装配过程中,如果之前的约束关系并不是当前所需的,可对组件进行移动。重新定位包括点到点、平移、绕点旋转等多种方式。

执行"装配"|"组件位置"|"移动组件"命令(或单击"装配"工具栏上的"移动组件"按钮),弹出"移动组件"对话框,如图5.5所示。对话框中常用选项说明如表5.5所示。

图 5.5 "移动组件"对话框

表 5.5 "移动组件"对话框主要选项说明

| | 选　项 | 说　明 |
|---|---|---|
| 变换 | 动态 | 用于通过拖动、使用图形窗口中的屏显输入框或通过点对话框重定位组件 |
| | 通过约束 | 用于通过创建移动组件的约束来移动组件 |
| | 点到点 | 用于将组件从选定点移到目标点 |
| | 距离 | 用于定义选定组件的移动距离 |
| | 增量 XYZ | 使用相当于绝对或工作坐标系的 X、Y、Z 的增量值移动组件 |
| | 角度 | 用于绕轴旋转组件 |
| | 根据三点旋转 | 用于绕某一轴旋转移动组件,旋转角度由选定的三点测量 |
| | CSYS 到 CSYS | 用于定义通过移动 CSYS 来重定位选定组件的方式 |
| | 轴到矢量 | 通过使某一轴绕轴点转动至与指定矢量平行来移动组件 |

## 5.3.4　爆炸图

装配爆炸图是指在装配环境下,将装配体中的组件拆分开来,目的是为了更好地显示整个装配的组成情况。同时可以通过对视图的创建和编辑,将组件按照装配关系偏离原来的位置,以便观察产品内部结构以及组件的装配顺序。

**1. 创建爆炸图**

要查看装配体内部结构特征及其之间的相互装配关系,需要创建爆炸视图。

执行"装配"|"爆炸图"|"新建爆炸图"命令(或单击"爆炸图"工具栏上的"创建爆炸图"按钮),弹出"新建爆炸图"对话框,如图 5.6 所示。

图 5.6　"新建爆炸图"对话框

**2. 编辑爆炸图**

在完成爆炸视图后,如果没有达到理想的爆炸效果,通常还需要对爆炸视图进行编辑。

执行"装配"|"爆炸图"|"编辑爆炸图"命令(或单击"爆炸图"工具栏上的"编辑爆炸图"按钮),弹出"编辑爆炸图"对话框,如图 5.7 所示。

图 5.7　"编辑爆炸图"对话框

图 5.8　自动爆炸组件

对话框中常用选项说明如表 5.6 所示。

表5.6  "编辑爆炸图"对话框选项说明

| 选　项 | 说　明 |
| --- | --- |
| 选择对象 | 可用于选择要爆炸的组件 |
| 移动对象 | 可用于移动选定的组件 |
| 只移动手柄 | 可用于移动拖动手柄而不移动任何其他对象 |
| 距离或角度 | 设置距离或角度以重新定位所选组件 |
| 捕捉增量 | 选中此选项时,可以为拖动手柄时移动的距离或旋转的角度设置捕捉增量。增量值在文本框中进行设置 |
| 捕捉手柄至 WCS | 将拖动手柄移到 WCS 位置。此选项只影响手柄 |
| 矢量工具 | 选择平移拖动手柄时可用。可用于定义矢量并将选定的拖动手柄与之对齐 |
| 取消爆炸 | 将选定的组件移回其未爆炸的位置 |

　　**提示**　编辑爆炸图时,手柄箭头的方向应根据最终爆炸图中组件的位置确定,可以调整箭头的方向,也可以输入负值使组件移至相反方向,还可以直接按住鼠标左键拖动来改变组件的位置。如果所选组件的手柄箭头难以选取,可以在对话框中选择"只移动手柄"复选框,拖动手柄到合适位置,以便选取手柄箭头。放在绝对原点的组件不能进行编辑。

### 3. 自动爆炸组件

　　该项用于按照指定的距离自动爆炸所选的组件。

　　执行"装配"|"爆炸图"|"自动爆炸组件"命令(或单击"爆炸图"工具栏上的"自动爆炸组件"按钮),弹出"类选择"对话框。选择需要爆炸的组件,单击"确定"按钮,弹出"爆炸距离"对话框。在该对话框"距离"文本框输入偏置距离,单击"确定"按钮,将所选的对象按指定的偏置距离移动。如果勾选"添加间隙"选项,则在爆炸组件时,各个组件根据被选择的先后顺序移动,相邻两个组件在移动方向上以"距离"文本框输入的偏置距离隔开。如图 5.8所示。

　　**提示**　自动爆炸组件可以同时选择多个对象,如果将整个装配体选中,可以直接获得整个装配体的爆炸图。

### 4. 取消爆炸组件

　　该选项用于取消已爆炸的视图。执行"装配"|"爆炸图"|"取消爆炸组件"命令(或单击"爆炸图"工具栏上的"取消爆炸组件"按钮),弹出"类选择"对话框,选择需要取消爆炸的组件,单击"确定"按钮即可将选中的组件恢复到爆炸前的位置。

### 5. 删除爆炸图

　　该选项用于删除爆炸视图。当不需要显示装配体的爆炸效果时,可执行"删除爆炸图"操作将其删除。

　　单击"爆炸图"工具栏中的"删除爆炸图"按钮,或者执行"装配"|"爆炸图"|"删除爆炸图"命令,进入"爆炸图"对话框。系统在该对话框中列出了所有爆炸图的名称,用户只需选择需要删除的爆炸图名称,单击"确定"按钮即可将选中的爆炸图删除。

### 6. 切换爆炸图

在装配过程中,尤其是已创建了多个爆炸视图,当需要在多个爆炸视图间进行切换时,可以利用"爆炸图"工具栏中的列表框按钮进行爆炸图的切换。只需单击该按钮,打开下拉列表框,如图 5.9 所示,在其中选择爆炸图名称,即可进行爆炸图的切换操作。

图 5.9 切换爆炸图

# 5.4 创建组件阵列

在装配中组件阵列是一种对应装配约束条件快速生成多个组件的方法。执行"装配"|"组件"|"创建阵列"命令(或单击"装配"工具栏上的"创建阵列"按钮),弹出"类选择"对话框。选择需阵列的组件,单击"确定"后,会弹出"创建组件阵列"对话框,如图 5.10 所示。

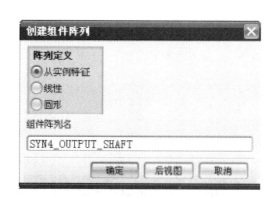

图 5.10 "创建组件阵列"对话框

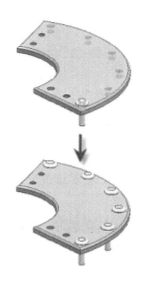

图 5.11 "从实例特征"示例

对话框中常用选项说明如表 5.7 所示。

表 5.7 "创建组件阵列"对话框选项说明

| 选 项 | 说 明 |
| --- | --- |
| 从实例特征 | 创建基于模板组件的阵列,该组件约束到一个特征实例 |

续表

| 选　项 | 说　明 |
|---|---|
| 线性 | 创建线性组件阵列,可以是采用 XC 和 YC 的二维模式,也可以是采用 XC 或 YC 的一维模式 |
| 圆形 | 根据选定的组件创建组件的圆形阵列 |
| 组件阵列名 | 用于指定组件阵列的名称。可使用多达 30 个字母或数字字符 |

## 5.4.1　"从实例特征"阵列

从实例特征是根据模板组件的关联约束建立各组件的配对约束。默认情况下,第一个配对的组件即为模板组件。新添加的组件共享模板组件属性。系统从模板组件复制其配对条件到新添加的组件中,将这些配对条件施加到适当的特征上。

因此,实现"从实例特征"时模板组件要有配对约束,即必须通过适当的配对条件将一个组件进行定位,使得该组件配对到特征集的某一个特征上;同时,基础组件上与模板组件相关联的特征需要按阵列方式产生特征阵列集。在生成从实例阵列时,每一个特征有一个组件相对应,并且各组件都自动匹配到相应的特征上。创建基于"从实例特征"的示例如图5.11所示。

**注意**　基于"从实例特征"的组件阵列与原有组件具有关联性,当原有组件发生变化时,组件阵列也跟着变化。

## 5.4.2　"线性"阵列

在建立线性主组件阵列时,需要指定 X 或(和)Y 的方向。可以定义一个或两个方向。每个方向的定义都可利用四种方向定义中的任一方法。若同时定义了 X 方向和 Y 方向,两个方向一定相互垂直,此时建立矩形主组件阵列,组件成两个交叉方向排列。若只定义了 X 方向或 Y 方向,则阵列组件沿一列排列。

选择"线性"单选按钮,出现"创建线性阵列"对话框,如图 5.12 所示。

**图 5.12**　"创建线性阵列"对话框

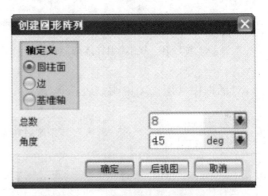

**图 5.13**　"创建圆形阵列"对话框

对话框中常用选项说明如表 5.8 所示。

**表 5.8　"创建线性阵列"对话框选项说明**

| 选　项 | | 说　明 |
|---|---|---|
| 方向定义 | 面的法向 | 选择某一表面,基于其法线方向确定阵列 X 方向或 Y 方向 |
| | 基准平面法向 | 选择某一基准平面,基于其法线方向确定阵列 X 方向或 Y 方向 |
| | 边 | 选择实体上的边缘线,基于其直线方向确定阵列 X 方向或 Y 方向 |
| | 基准轴 | 选择基准轴,基于轴线方向确定阵列 X 方向或 Y 方向 |
| 总数－XC | | 该选项用来指定组件阵列在 X 方向的阵列数目 |
| 偏置－XC | | 该选项用来指定组件阵列在 X 方向的阵列间距 |
| 总数－YC | | 该选项用来指定组件阵列在 Y 方向的阵列数目 |
| 偏置－YC | | 该选项用来指定组件阵列在 Y 方向的阵列间距 |

## 5.4.3　"圆形"阵列

建立圆形组件阵列与建立线性主组件阵列基本相同,不同的是圆形阵列需要指定阵列的中心轴,要注意轴线的方向。

选择"圆形"单选按钮,出现"创建圆形阵列"对话框,如图 5.13 所示。

对话框中常用选项说明如表 5.9 所示。

**表 5.9　"创建圆形阵列"对话框选项说明**

| 选　项 | | 说　明 |
|---|---|---|
| 轴定义 | 圆柱面 | 选择圆柱面的轴线作为环形组件阵列的中心轴线 |
| | 边 | 选择实体直线形边缘线作为环绕的中心轴线 |
| | 基准轴 | 选择基准轴,将其作为阵列的环绕中心轴线 |
| 总数 | | 定义圆形阵列中创建的组件的数量,包括正在实例化的现有特征 |
| 角度 | | 定义绕旋转轴创建的每个组件的角度 |

# 5.5　镜　像　装　配

用 NX 创建的装配很多是对称的,使用镜像装配功能,仅需创建装配的一侧,随后可创建镜像版本以形成装配的另一侧。镜像装配可以对整个装配进行镜像,也可以选择个别组件进行镜像。还可指定要从镜像的装配中排除的组件。

执行"装配"|"组件"|"镜像装配"命令(或单击"装配"工具栏上的"镜像装配"按钮),

弹出"镜像装配向导"对话框,如图 5.14 所示,按照提示依次选取要镜像的组件、镜像平面、镜像类型等即可创建镜像装配。

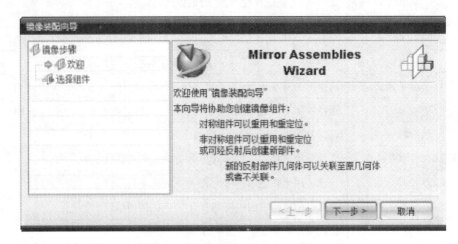

图 5.14　"镜像装配向导"对话框

通过"镜像装配向导"来创建镜像组件,有两种方式:

(1) 创建镜像几何体。执行此操作时,软件将创建一个新部件文件,其中包含原始组件中所有几何实体的链接镜像体特征。新镜像部件作为组件添加到装配中。

(2) 为选定部件或子装配创建新实例,并在整个镜像平面上将其重新定位。

# 5.6　简单间隙检查

使用"简单间隙检查"命令可以在装配中检查选定组件与其他组件之间可能存在的干涉。如果发现干涉,则会显示一个报告。对于每个干涉,报告都会列出以下项:

(1) 所选组件的名称,并在名称旁显示表示干涉类型的图标。

(2) 干涉组件的名称。

(3) 干涉的状态。例如,报告显示干涉是新的还是现有的,是硬干涉、软干涉、接触干涉,还是包容干涉。

各种干涉含义如下:

软干涉:对象之间的最小距离小于或等于安全区域。

接触干涉:对象相互接触但不相交。

硬干涉:对象彼此相交。

包容干涉:一个对象完全包含在另一个对象内。

执行"分析"|"装配间隙"|"简单间隙检查"命令(或单击"装配"工具栏上的"简单间隙检查"按钮 ），弹出"类选择"对话框。选取要分析的组件,点击"确定"按钮即可弹出"干涉检查"对话框,显示分析结果。如图 5.15 所示。

图 5.15 "干涉检查"对话框

# 5.7 设计实例:减速器装配设计

**1. 轴承—组件安装**

(1) 新建装配文件

选择菜单中的"文件"|"新建"命令,或选择🗋(创建一个新的文件)按钮,系统出现"新建"对话框,在"模板"下选择"装配",在"名称"栏中输入"zhoucheng1_zp",在"单位"下拉框中选择"毫米",单击 确定 按钮,创建一个名为"zhoucheng1_zp. prt"、单位为"毫米"的文件,并自动启动"添加组件"对话框。

(2) 安装轴承内圈

在"添加组件"对话框中单击🗁(打开)按钮,出现"部件名"对话框,在计算机文件夹"jiansuqi"下选择底座(zhouchengneiquan_202. prt)零件,然后单击 OK 按钮,主窗口右下角出现一个"组件预览"小窗口。在"添加组件"对话框"定位"下拉框中选择"绝对原点",在"设置"选项组"引用集"选项下拉框中选择"模型(MODEL)",如图 5.16 所示。然后在对话框中单击 应用 按钮,这样就加入了第一个零件,如图 5.17 所示。

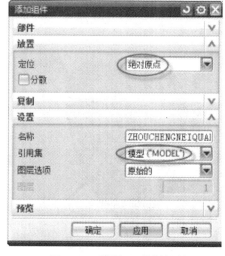

图 5.16 "添加组件"对话框

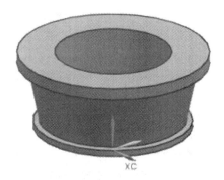

图 5.17 安装轴承内圈

（3）安装保持架

打开保持架（baochijia_202）零件，在"添加组件"对话框"定位"下拉框中选择"通过约束"，在"设置"选项组"引用集"选项下拉框中选择"模型（MODEL）"，然后在对话框中单击 应用 按钮，系统弹出"装配约束"对话框，在"类型"选项中选择"接触对齐"约束，在"方位"下拉框中选取"自动判断中心/轴"。接着在"组件预览"窗口将模型旋转至适当位置，选择如图 5.18 所示的轴线，然后在主窗口选择如图 5.19 所示的轴线，完成中心对齐约束。

图 5.18　选取轴线

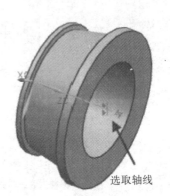

图 5.19　选取轴线

继续添加约束：在"装配约束"对话框"类型"下拉框中选取"距离"选项，在"组件预览"窗口将模型旋转至适当位置，选择如图 5.20 所示的平面，然后在主窗口选择如图 5.21 所示的平面，接着在"装配约束"对话框"距离"文本框中输入"1.25"，如图 5.22 所示。最后单击 确定 按钮完成保持架安装，如图 5.23 所示。

图 5.20　选取约束面

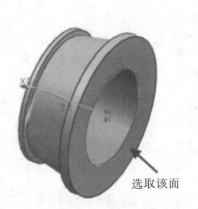

图 5.21　选取约束面

图 5.22　"装配约束"对话框

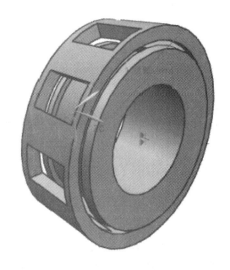

图 5.23　安装保持架

（4）安装滚动体

打开滚动体（gundongti_202）零件，在"添加组件"对话框"定位"下拉框中选择"绝对原点"，在"设置"选项组"引用集"选项下拉框中选择"模型（MODEL）"，然后在对话框中单击████按钮，这样就完成了第一个滚动体的安装，如图 5.24 所示。

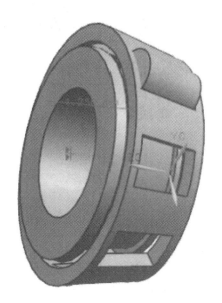

图 5.24　安装滚动体

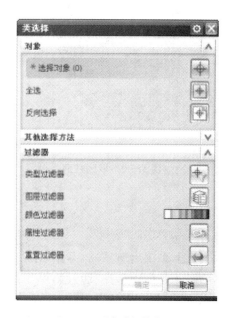

图 5.25　"类选择"对话框

安装其余滚动体：选择主菜单中的"装配"|"组件"|"创建阵列"命令，或在"装配"工具条中选择 ▣（创建组件阵列）按钮，系统出现"类选择"对话框，如图 5.25 所示。在绘图区选择上一步安装的滚动体，单击████按钮，系统又弹出如图 5.26 所示的"创建组件阵列"对话

框,在"阵列定义"选项下选择"圆形",单击 █确定 按钮,系统弹出如图 5.27 所示"创建圆形阵列"对话框。在绘图区选取如图 5.28 所示圆柱面并按图 5.27 所示设置参数,单击 █确定 按钮完成组件阵列,结果如图 5.29 所示。

至此完成全部滚动体的安装。

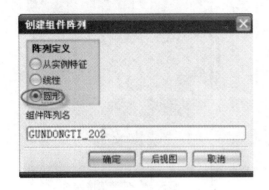

图 5.26 "创建组件阵列"对话框

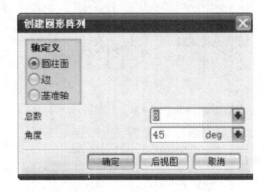

图 5.27 "创建圆形阵列"对话框

图 5.28 选取圆柱面

图 5.29 组件阵列

(5)安装外圈

选择主菜单中的"装配"|"组件"|"添加组件"命令,或在"装配"工具条中选择 █(添加组件)按钮,系统出现"添加组件"对话框,打开外圈(waiquan_202)零件,在"添加组件"对话框"定位"下拉框中选择"通过约束",在"设置"选项组"引用集"选项下拉框中选择"模型(MODEL)",然后在对话框中单击 █确定 按钮,系统弹出"装配约束"对话框,在"类型"选项中选择"接触对齐"约束,在"方位"下拉框中选取"自动判断中心/轴"。接着在"组件预览"窗口将模型旋转至适当位置,选择如图 5.30 所示的面,然后在主窗口选择如图 5.31 所示的面,完成中心对齐约束。

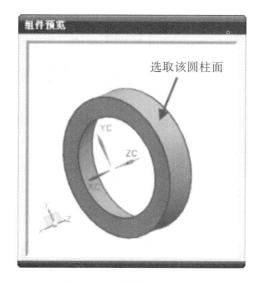

图 5.30　选取约束面

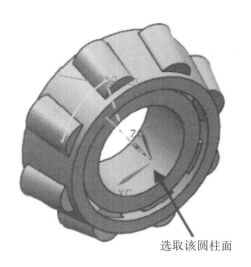

图 5.31　选取约束面

　　继续添加约束：在"装配约束"对话框"类型"下拉框中选取"距离"选项，在"组件预览"窗口将模型旋转至适当位置，选择如图 5.32 所示的平面，然后在主窗口选择如图 5.33 所示的平面，接着在"装配约束"对话框"距离"文本框中输入"1.25"，如图 5.34 所示。最后单击 确定 按钮完成保持架安装，如图 5.35 所示。

图 5.32　选取约束面

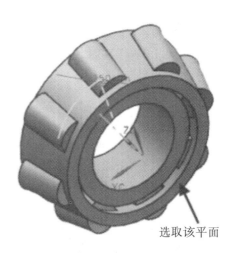

图 5.33　选取约束面

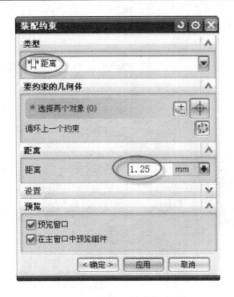

图 5.34　"装配约束"对话框

图 5.35　安装外圈

（6）保存文件

按指定路径保存文件。

**2. 轴承二组件安装**

参照轴承一安装的步骤和方法创建一个名为"zhoucheng2_zp. prt"的组件安装文件。

**3. 蜗杆轴组件安装**

（1）新建装配文件

选择菜单中的"文件"｜"新建"命令，或选择 ▢（创建一个新的文件）按钮，系统出现"新建"对话框，在"模板"下选择"装配"，在"名称"栏中输入"woganzhou_zp"，在"单位"下拉框中选择"毫米"，单击 ▭ 按钮，创建一个名为"woganzhou_zp. prt"、单位为"毫米"的文件，并自动启动"添加组件"对话框。

（2）安装蜗杆

在"添加组件"对话框中单击 ▭（打开）按钮，出现"部件名"对话框，在计算机文件夹"jiansuqi"下选择底座"wogan. prt"零件，然后单击 ▭ 按钮，主窗口右下角出现一个"组件预览"小窗口。在"添加组件"对话框"定位"下拉框中选择"绝对原点"，在"设置"选项组"引用集"选项下拉框中选择"模型（MODEL）"，然后在对话框中单击 ▭ 按钮，这样就加

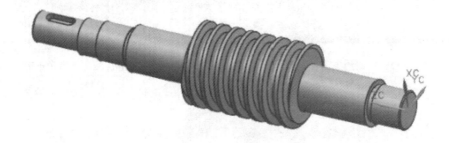

图 5.36　安装蜗杆

入了第一个零件,如图 5.36 所示。

(3) 安装轴承组件

打开轴承一(zhoucheng1_zp)组件,在"添加组件"对话框"定位"下拉框中选择"通过约束",在"设置"选项组"引用集"选项下拉框中选择"模型(MODEL)",然后在对话框中单击 [应用] 按钮,系统弹出"装配约束"对话框,在"类型"选项中选择"接触对齐"约束,在"方位"下拉框中选取"自动判断中心/轴"。接着在"组件预览"窗口将模型旋转至适当位置,选择如图 5.37 所示的轴线,然后在主窗口选择如图 5.38 所示的轴线,完成中心对齐约束。

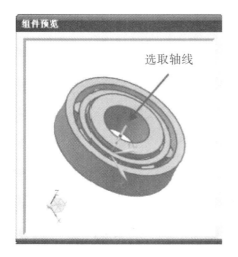

图 5.37 选取轴线

图 5.38 选取轴线

继续添加约束:在"装配约束"对话框"类型"选项中选择"接触对齐"约束,在"方位"下拉框中选取"首选接触"。接着在"组件预览"窗口将模型旋转至适当位置,选择如图 5.39 所示的面,然后在主窗口选择如图 5.40 所示的面,最后单击 [应用] 按钮完成轴承一组件的安装,如图 5.41 所示。

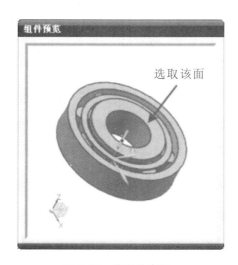

图 5.39 选取约束面

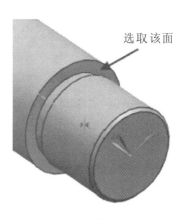

图 5.40 选取约束面

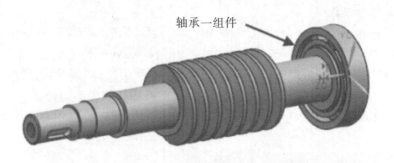

图 5.41　安装轴承一组件

　　参照轴承一组件安装的步骤和方法在蜗杆的左端再次安装轴承一组件,如图 5.42 所示。

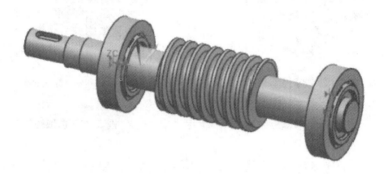

图 5.42　再次安装轴承一组件

　　(4) 安装键 3

　　打开键 3(jian3)零件,在"添加组件"对话框"定位"下拉框中选择"通过约束",在"设置"选项组"引用集"选项下拉框中选择"模型(MODEL)",然后在对话框中单击[应用]按钮,系统弹出"装配约束"对话框,在"类型"选项中选择"接触对齐"约束,在"方位"下拉框中选取"首选接触"。接着在"组件预览"窗口将模型旋转至适当位置,选择如图 5.43 所示键底面,然后在主窗口选择如图 5.44 所示的键槽底面,完成接触约束。接着在"方位"下拉框中选取"自动判断中心/轴",在"组件预览"窗口将模型旋转至适当位置,选择如图 5.45 所示键一侧的半圆柱面,然后在主窗口选择如图 5.46 所示的键槽的半圆柱面,完成中心对齐约束。

　　接着在"装配约束"对话框"类型"下拉框中选取"距离"选项,在"组件预览"窗口将模型旋转至适当位置,选择如图 5.47 所示的平面,然后在主窗口选择如图 5.48 所示的平面,接着在"装配约束"对话框"距离"文本框中输入"0",最后单击[确定]按钮完成键 3 的安装,如图 5.49 所示。

图 5.43 选取约束面

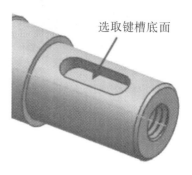

图 5.44 选取约束面

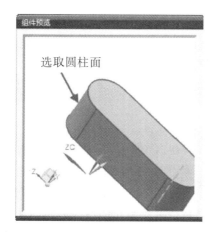

图 5.45 选取半圆柱面

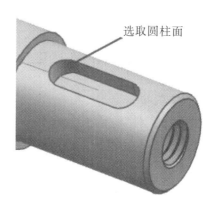

图 5.46 选取半圆柱面

图 5.47 选取约束面

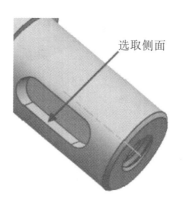

图 5.48 选取约束面

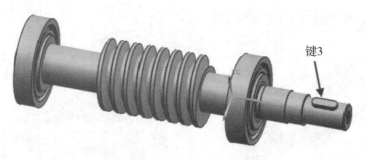

图 5.49　安装键 3

（5）保存文件

按指定路径保存文件。

### 4. 蜗轮轴组件安装

（1）新建装配文件

选择菜单中的"文件"｜"新建"命令，或选择 ▢（创建一个新的文件）按钮，系统出现"新建"对话框，在"模板"下选择"装配"，在"名称"栏中输入"wolunzhou_zp"，在"单位"下拉框中选择"毫米"，单击 ▣确定▣ 按钮，创建一个名为"wolunzhou_zp. prt"、单位为"毫米"的文件，并自动启动"添加组件"对话框。

（2）安装轴

在"添加组件"对话框中单击 ▣（打开）按钮，出现"部件名"对话框，在计算机文件夹"jiansuqi"下选择底座（zhou. prt）零件，然后单击 ▣ OK ▣ 按钮，主窗口右下角出现一个"组件预览"小窗口。在"添加组件"对话框"定位"下拉框中选择"绝对原点"，在"设置"选项组"引用集"选项下拉框中选择"模型（MODEL）"，然后在对话框中单击 ▣应用▣ 按钮，这样就加入了第一个零件，如图 5.50 所示。

图 5.50　安装轴

（3）安装键 1 和键 2

参照键 3 安装的步骤和方法在轴的中间安装键 1，在轴的左端安装键 2，如图 5.51所示。

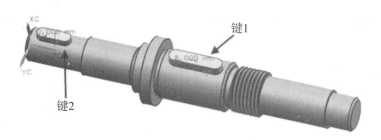

图 5.51　安装键 1 和键 2

（4）安装蜗轮

打开蜗轮（wolun）零件，在"添加组件"对话框"定位"下拉框中选择"通过约束"，在"设置"选项组"引用集"选项下拉框中选择"模型（MODEL）"，然后在对话框中单击 应用 按钮，系统弹出"装配约束"对话框，在"类型"选项中选择"接触对齐"约束，在"方位"下拉框中选取"首选接触"。接着在"组件预览"窗口将模型旋转至适当位置，选择如图 5.52 所示蜗轮端面，然后在主窗口选择如图 5.53 所示的面，完成接触约束。

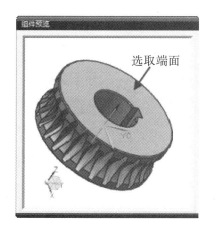

图 5.52　选取约束面

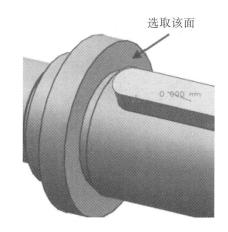

图 5.53　选取约束面

接着在"方位"下拉框中选取"自动判断中心/轴"，在"组件预览"窗口将模型旋转至适当位置，选择如图 5.54 所示蜗轮轴线，然后在主窗口选择如图 5.55 所示圆柱轴线，完成中心对齐约束。

为使蜗轮上的键槽能够与轴上的键准确定位，需要再添加一个约束。在"类型"下拉框中选取"平行"，在"组件预览"窗口将模型旋转至适当位置，选择如图 5.56 所示键槽顶面，然后在主窗口选择如图 5.57 所示键顶面，完成平行约束。

最后单击 确定 按钮完成蜗轮的安装，如图 5.58 所示。

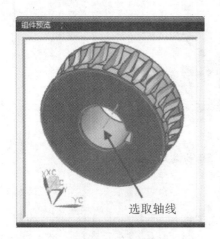

图 5.54　选取轴线

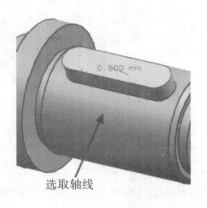

图 5.55　选取轴线

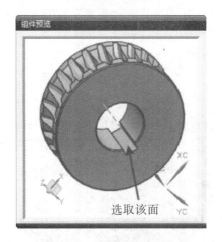

图 5.56　选取约束面

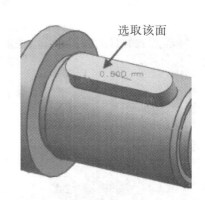

图 5.57　选取约束面

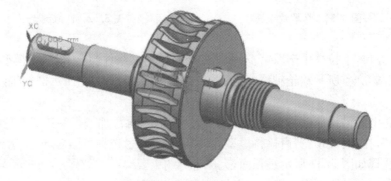

图 5.58　安装蜗轮

（5）安装锥齿轮

打开锥齿轮（zhuichilun）零件，在"添加组件"对话框"定位"下拉框中选择"通过约束"，在"设置"选项组"引用集"选项下拉框中选择"模型（MODEL）"，然后在对话框中单击 应用按钮,系统弹出"装配约束"对话框,在"类型"选项中选择"接触对齐"约束,在"方位"下拉框中选取"首选接触"。接着在"组件预览"窗口将模型旋转至适当位置,选择如图 5.59 所示锥齿轮端面,然后在主窗口选择如图 5.60 所示的蜗轮端面,完成接触约束。

图 5.59　选取锥齿轮端面

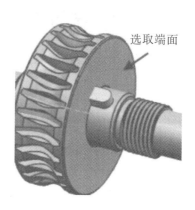

图 5.60　选取蜗轮端面

接着在"方位"下拉框中选取"自动判断中心/轴",在"组件预览"窗口将模型旋转至适当位置,选择如图 5.61 所示锥齿轮轴线,然后在主窗口选择如图 5.62 所示圆柱轴线,完成中心对齐约束。

图 5.61　选取轴线

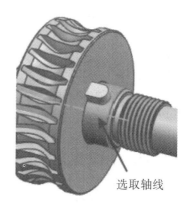

图 5.62　选取轴线

为使锥齿轮上的键槽能够与轴上的键准确定位,需要再添加一个约束。在"类型"下拉框中选取"平行",在"组件预览"窗口将模型旋转至适当位置,选择如图 5.63 所示键槽顶面,然后在主窗口选择如图 5.64 所示键顶面,完成平行约束。

最后单击 确定 按钮完成锥齿轮的安装,如图 5.65 所示。

图 5.63　选取键槽顶面

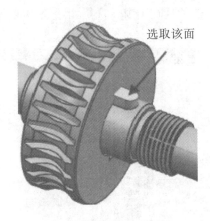

图 5.64　选取键顶面

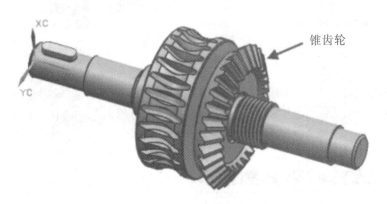

图 5.65　安装锥齿轮

（6）安装垫圈 4

打开垫圈（dianquan4）零件，在"添加组件"对话框"定位"下拉框中选择"通过约束"，在"设置"选项组"引用集"选项下拉框中选择"模型（MODEL）"，然后在对话框中单击 应用 按钮，系统弹出"装配约束"对话框，在"类型"选项中选择"接触对齐"约束，在"方位"下拉框中选取"首选接触"。接着在"组件预览"窗口将模型旋转至适当位置，选择如图 5.66 所示垫圈端面，然后在主窗口选择如图 5.67 所示的面，完成接触约束。

接着在"方位"下拉框中选取"自动判断中心/轴"，在"组件预览"窗口将模型旋转至适当位置，选择如图 5.68 所示垫圈轴线，然后在主窗口选择如图 5.69 所示圆柱轴线，完成中心对齐约束。

最后单击 确定 按钮完成垫圈 4 的安装，如图 5.70 所示。

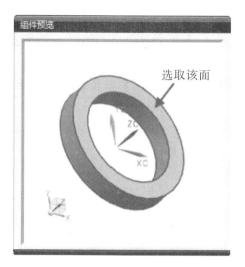

图 5.66　选取垫圈端面

图 5.67　选取约束面

图 5.68　选取轴线

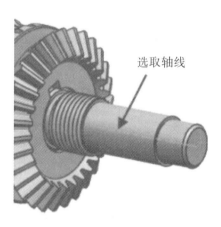

图 5.69　选取轴线

图 5.70　安装垫圈

（7）安装螺母 1

打开螺母 1(luomu1)零件，在"添加组件"对话框"定位"下拉框中选择"通过约束"，在"设置"选项组"引用集"选项下拉框中选择"模型（MODEL）"，然后在对话框中单击 [应用] 按钮，系统弹出"装配约束"对话框，在"类型"选项中选择"接触对齐"约束，在"方位"下拉框中选取"首选接触"。接着在"组件预览"窗口将模型旋转至适当位置，选择如图 5.71 所示螺母端面，然后在主窗口选择如图 5.72 所示的垫圈端面，完成接触约束。

图 5.71　选取螺母端面

图 5.72　选取垫圈端面

接着在"方位"下拉框中选取"自动判断中心/轴"，在"组件预览"窗口将模型旋转至适当位置，选择如图 5.73 所示螺母轴线，然后在主窗口选择如图 5.74 所示圆柱轴线，完成中心对齐约束。

最后单击 [确定] 按钮完成螺母的安装，如图 5.75 所示。

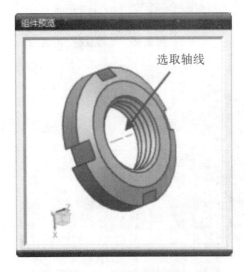

图 5.73　选取螺母轴线

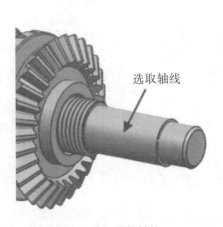

图 5.74　选取圆柱轴线

（8）安装轴承组件

在轴的两侧安装轴承,安装过程与前述蜗杆轴上的轴承安装过程基本相同,不再重述。注意轴左侧轴肩安装 zhoucheng2_zp.prt,而右侧轴肩上安装 zhoucheng1_zp.prt。结果如图 5.76 所示。

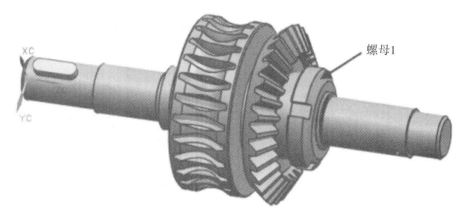

图 5.75　安装螺母 1

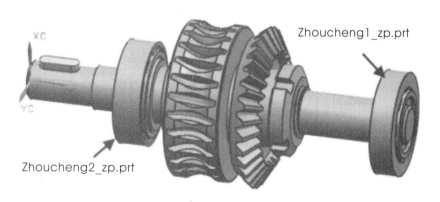

图 5.76　安装轴承组件

（9）保存文件

按指定路径保存文件。

**5. 齿轮轴组件安装**

（1）新建装配文件

选择菜单中的"文件"│"新建"命令,或选择 ▢（创建一个新的文件）按钮,系统出现"新建"对话框,在"模板"下选择"装配",在"名称"栏中输入"chilunzhou_zp",在"单位"下拉框中选择"毫米",单击 ▢ 按钮,创建一个名为"chilunzhou_zp.prt"、单位为"毫米"的文件,并自动启动"添加组件"对话框。

（2）安装轴承座

在"添加组件"对话框中单击 ▢（打开）按钮,出现"部件名"对话框,在计算机文件夹

"jiansuqi"下选择底座"zhouchengzuo. prt"零件，然后单击 OK 按钮，主窗口右下角出现一个"组件预览"小窗口。在"添加组件"对话框"定位"下拉框中选择"绝对原点"，在"设置"选项组"引用集"选项下拉框中选择"模型（MODEL）"，然后在对话框中单击 应用 按钮，这样就加入了第一个零件，如图 5.77 所示。

图 5.77　安装轴承座

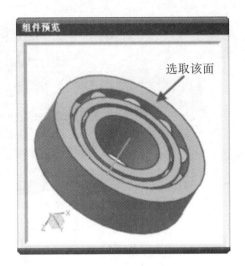

图 5.78　选取约束面

（3）安装轴承组件

打开轴承二（zhoucheng2_zp）组件，在"添加组件"对话框"定位"下拉框中选择"通过约束"，在"设置"选项组"引用集"选项下拉框中选择"模型（MODEL）"，然后在对话框中单击 应用 按钮，系统弹出"装配约束"对话框，在"类型"选项中选择"接触对齐"约束，在"方位"下拉框中选取"首选接触"。接着在"组件预览"窗口将模型旋转至适当位置，选择如图5.78所示轴承外圈端面，然后在主窗口选择如图 5.79 所示的轴承座内孔底面，完成接触约束。

图 5.79　选取约束面

图 5.80　选取圆柱面

接着在"方位"下拉框中选取"自动判断中心/轴"，在"组件预览"窗口将模型旋转至适当位置,选择如图 5.80 所示轴承外圈的圆柱面,然后在主窗口选择如图 5.81 所示轴承座内孔的圆柱面,完成中心对齐约束。

最后单击 确定 按钮完成轴承组件的安装,如图 5.82 所示。

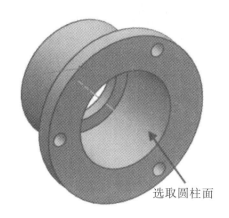

图 5.81　选取圆柱面

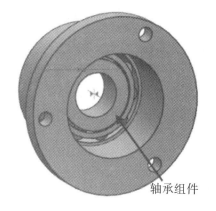

图 5.82　安装轴承组件

(4) 安装垫圈 1

打开垫圈 1(dianquan1)零件,在"添加组件"对话框"定位"下拉框中选择"通过约束",在"设置"选项组"引用集"选项下拉框中选择"模型(MODEL)",然后在对话框中单击 应用 按钮,系统弹出"装配约束"对话框,在"类型"选项中选择"接触对齐"约束,在"方位"下拉框中选取"首选接触"。接着在"组件预览"窗口将模型旋转至适当位置,选择如图 5.83 所示垫圈端面,然后在主窗口选择如图 5.84 所示的轴承内圈端面,完成接触约束。

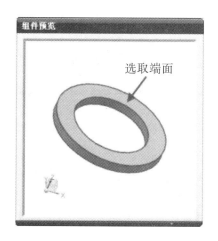

图 5.83　选取垫圈端面

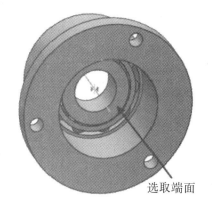

图 5.84　选取轴承内圈端面

接着在"方位"下拉框中选取"自动判断中心/轴",在"组件预览"窗口将模型旋转至适当位置,选择如图 5.85 所示垫圈 1 的内圆柱面,然后在主窗口选择如图 5.86 所示轴承内圈的孔圆柱面,完成中心对齐约束。

最后单击 [确定] 按钮完成垫圈1的安装,如图5.87所示。

图5.85　选取圆柱面

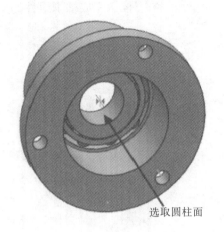

图5.86　选取圆柱面

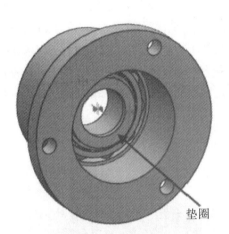

图5.87　安装垫圈1

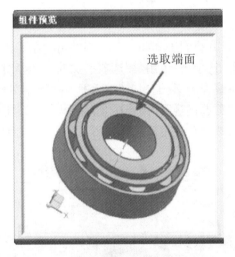

图5.88　选取轴承内圈端面

（5）安装轴承组件

打开轴承二(zhoucheng2_zp)组件,在"添加组件"对话框"定位"下拉框中选择"通过约束",在"设置"选项组"引用集"选项下拉框中选择"模型（MODEL）",然后在对话框中单击 [应用] 按钮,系统弹出"装配约束"对话框,在"类型"选项中选择"接触对齐"约束,在"方位"下拉框中选取"首选接触"。接着在"组件预览"窗口将模型旋转至适当位置,选择如图5.88所示轴承内圈端面,然后在主窗口选择如图5.89所示的垫圈1的端面,完成接触约束。

接着在"方位"下拉框中选取"自动判断中心/轴",在"组件预览"窗口将模型旋转至适当位置,选择如图5.90所示轴承外圈的圆柱面,然后在主窗口选择如图5.91所示轴承座内孔的圆柱面,完成中心对齐约束。

最后单击 确定 按钮完成轴承组件的安装,如图 5.92 所示。

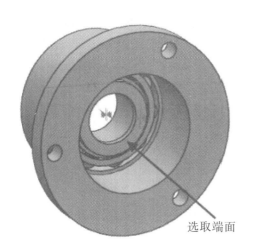

图 5.89　选取垫圈端面

图 5.90　选取圆柱面

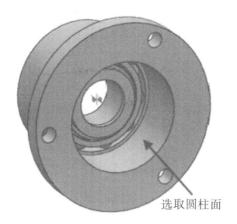

图 5.91　选取圆柱面

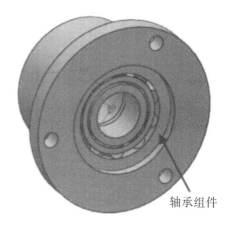

图 5.92　安装轴承组件

(6) 安装垫圈 3

打开垫圈 3(dianquan3)零件,在"添加组件"对话框"定位"下拉框中选择"通过约束",在"设置"选项组"引用集"选项下拉框中选择"模型(MODEL)",然后在对话框中单击 应用 按钮,系统弹出"装配约束"对话框,在"类型"选项中选择"接触对齐"约束,在"方位"下拉框中选取"首选接触"。接着在"组件预览"窗口将模型旋转至适当位置,选择如图 5.93 所示垫圈端面,然后在主窗口选择如图 5.94 所示的轴承内圈端面,完成接触约束。

接着在"方位"下拉框中选取"自动判断中心/轴",在"组件预览"窗口将模型旋转至适当位置,选择如图 5.95 所示垫圈 3 的内圆柱面,然后在主窗口选择如图 5.96 所示轴承内圈的孔圆柱面,完成中心对齐约束。

最后单击 确定 按钮完成垫圈 3 的安装,如图 5.97 所示。

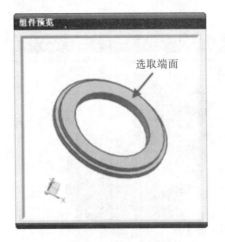

图 5.93    选取垫圈端面

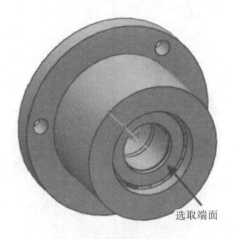

图 5.94    选取轴承内圈端面

图 5.95    选取垫圈内圆柱面

图 5.96    选取轴承内圈孔圆柱面

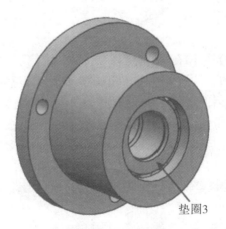

图 5.97    安装垫圈 3

（7）安装齿轮轴

打开齿轮轴（chilunzhou）零件，在"添加组件"对话框"定位"下拉框中选择"通过约束"，在"设置"选项组"引用集"选项下拉框中选择"模型（MODEL）"，然后在对话框中单击 **应用** 按钮，系统弹出"装配约束"对话框，在"类型"选项中选择"接触对齐"约束，在"方位"下拉框中选取"首选接触"。接着在"组件预览"窗口将模型旋转至适当位置，选择如图 5.98 所示齿轮轴台阶端面，然后在主窗口选择如图 5.99 所示的垫圈 3 端面，完成接触约束。

图 5.98 选取齿轮轴台阶端面

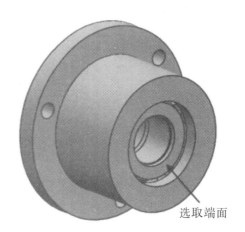

图 5.99 选取垫圈端面

接着在"方位"下拉框中选取"自动判断中心/轴"，在"组件预览"窗口将模型旋转至适当位置，选择如图 5.100 所示齿轮轴的圆柱面，然后在主窗口选择如图 5.101 所示轴承内圈的孔圆柱面，完成中心对齐约束。

最后单击 **确定** 按钮完成齿轮轴的安装，如图 5.102 所示。

图 5.100 选取圆柱面

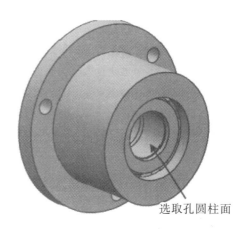

图 5.101 选取轴承内圈孔圆柱面

键3

图 5.102　安装齿轮轴　　　　　　　图 5.103　安装键 3

（8）安装键 3

参照蜗杆轴组件中键 3 安装的步骤和方法再次安装键 3，如图 5.103 所示。

（9）保存文件

按指定路径保存文件。

**6. 减速器总安装**

（1）新建装配文件

选择菜单中的"文件"｜"新建"命令，或选择 （创建一个新的文件）按钮，系统出现"新建"对话框，在"模板"下选择"装配"，在"名称"栏中输入"jiansuqi_zp"，在"单位"下拉框中选择"毫米"，单击 确定 按钮，创建一个名为"jiansuqi_zp. prt"、单位为"毫米"的文件，并自动启动"添加组件"对话框。

（2）安装箱体

在"添加组件"对话框中单击 （打开）按钮，出现"部件名"对话框，在计算机文件夹"jiansuqi"下选择底座（xiangti. prt）零件，然后单击 OK 按钮，主窗口右下角出现一个"组件预览"小窗口。在"添加组件"对话框"定位"下拉框中选择"绝对原点"，在"设置"选项组"引用集"选项下拉框中选择"模型（MODEL）"，然后在对话框中单击 应用 按钮，这样就装入了第一个零件，如图 5.104 所示。

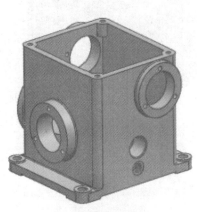

选取圆柱面

图 5.104　安装箱体　　　　　　　图 5.105　选取圆柱面

（3）安装蜗杆轴组件

打开蜗杆轴（woganzhou_zp）组件，在"添加组件"对话框"定位"下拉框中选择"通过约束"，在"设置"选项组"引用集"选项下拉框中选择"模型（MODEL）"，然后在对话框中单击 █应用█ 按钮，系统弹出"装配约束"对话框，在"类型"选项中选择"接触对齐"约束，在"方位"下拉框中选取"自动判断中心/轴"。接着在"组件预览"窗口将模型旋转至适当位置，选择如图 5.105 所示轴承外圈的圆柱面，然后在主窗口选择如图 5.106 所示箱体上的轴承孔，单击"装配约束"对话框内的 █✕█（返回上一个约束）按钮，系统自动地将蜗轮轴调整到要求的位置，完成接触约束。

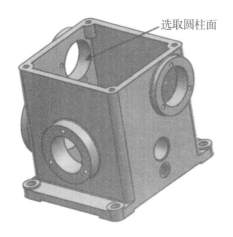

图 5.106　选取圆柱面

图 5.107　选取端面

接着在"方位"下拉框中选取"对齐"，在"组件预览"窗口将模型旋转至适当位置，选择如图 5.107 所示轴承内圈端面，然后在主窗口选择如图 5.108 所示箱体上的侧壁面，完成对齐约束。

最后单击 █确定█ 按钮完成蜗杆轴组件的安装，如图 5.109 所示。

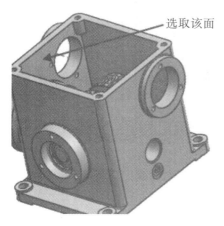

图 5.108　选取箱体内侧壁

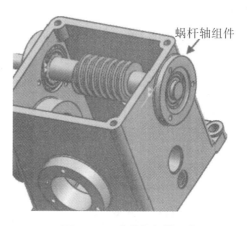

图 5.109　安装蜗杆轴组件

（4）安装蜗轮轴组件

打开蜗杆轴（woglunzhou_zp）组件，在"添加组件"对话框"定位"下拉框中选择"通过约束"，在"设置"选项组"引用集"选项下拉框中选择"模型（MODEL）"，然后在对话框中单击 **应用** 按钮，系统弹出"装配约束"对话框，在"类型"选项中选择"接触对齐"约束，在"方位"下拉框中选取"自动判断中心/轴"。接着在"组件预览"窗口将模型旋转至适当位置，选择如图5.110所示轴承外圈的圆柱面，然后在主窗口选择如图5.111所示箱体上的轴承孔，完成接触约束。

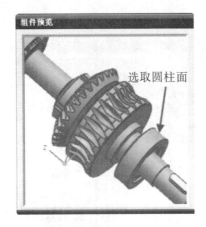

图 5.110　选取圆柱面

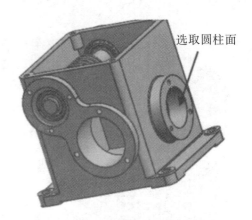

图 5.111　选取圆柱面

接着在"方位"下拉框中选取"对齐"，在"组件预览"窗口将模型旋转至适当位置，选择如图5.112所示轴承内圈端面，然后在主窗口选择如图5.113所示箱体上的侧壁面，完成对齐约束。

最后单击 **确定** 按钮完成蜗轮轴组件的安装，如图5.114所示。

图 5.112　选取约束面

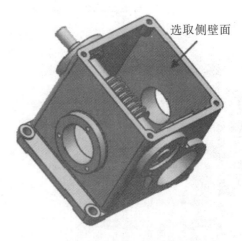

图 5.113　选取约束面

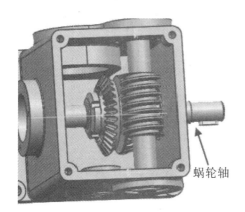

图 5.114 安装蜗轮轴

图 5.115 选取台阶面

(5) 安装齿轮轴组件

打开齿轮轴(chilunzhou_zp)组件,在"添加组件"对话框"定位"下拉框中选择"通过约束",在"设置"选项组"引用集"选项下拉框中选择"模型(MODEL)",然后在对话框中单击 应用 按钮,系统弹出"装配约束"对话框,在"类型"选项中选择"接触对齐"约束,在"方位"下拉框中选取"首选接触"。接着在"组件预览"窗口将模型旋转至适当位置,选择如图5.115所示轴承座台阶面,然后在主窗口选择如图 5.116 所示箱体的凸台面,完成接触约束。

接着在"方位"下拉框中选取"自动判断中心/轴",在"组件预览"窗口将模型旋转至适当位置,选择如图 5.117 所示轴承座的孔,然后在主窗口选择如图 5.118 所示箱体凸台上的螺孔,完成中心对齐约束。在"组件预览"窗口将模型旋转至适当位置,选择如图 5.119 所示圆柱面,然后在主窗口选择如图 5.120 所示箱体上的轴承孔,完成中心对齐约束。

最后单击 确定 按钮完成齿轮轴组件的安装,如图 5.121 所示。

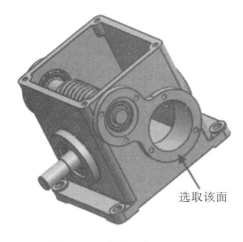

图 5.116 选取凸台面

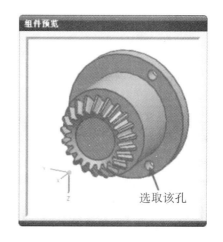

图 5.117 选取孔

图 5.118   选取螺孔

图 5.119   选取圆柱面

图 5.120   选取轴承孔

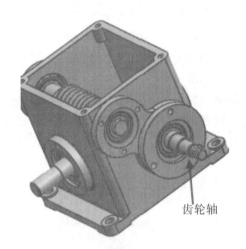

图 5.121   安装齿轮轴

(6) 安装轴承压盖

打开轴承压盖4(zhouchengyagai4)零件,在"添加组件"对话框"定位"下拉框中选择"通过约束",在"设置"选项组"引用集"选项下拉框中选择"模型(MODEL)",然后在对话框中单击 应用 按钮,系统弹出"装配约束"对话框,在"类型"选项中选择"接触对齐"约束,在"方位"下拉框中选取"首选接触"。接着在"组件预览"窗口将模型旋转至适当位置,选择如图 5.122 所示轴承压盖的台阶面,然后在主窗口选择如图 5.123 所示箱体上的凸台面,完成接触约束。

接着在"方位"下拉框中选取"自动判断中心/轴",在"组件预览"窗口将模型旋转至适当位置,选择如图 5.124 所示轴承压盖上的孔,然后在主窗口选择如图 5.125 所示箱体凸台上的孔,完成中心对齐约束。在"组件预览"窗口将模型旋转至适当位置,选择如图 5.126 所示轴承压盖的外圆柱面,然后在主窗口选择如图 5.127 所示箱体上的轴承孔,完成中心对齐约束。

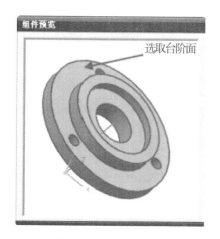

图 5. 122　选取台阶面

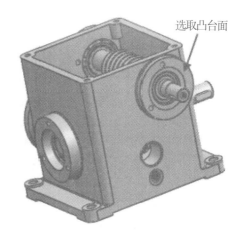

图 5. 123　选取凸台面

最后单击 确定 按钮完成轴承压盖 4 的安装，如图 5.128 所示。

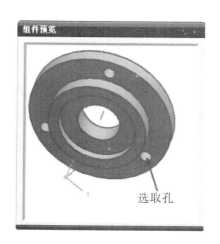

图 5. 124　选取孔

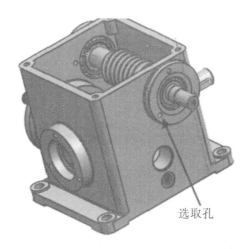

图 5. 125　选取孔

图 5. 126　选取圆柱面

图 5. 127　选取圆柱面

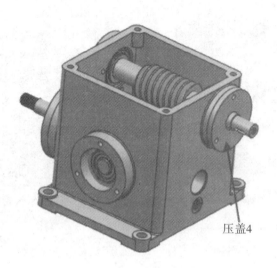

图 5.128　安装压盖 4

　　按照同样的方法和步骤安装其他 3 个轴承压盖 1、2 和 3,分别如图 5.129 和图 5.130 所示,不再重述。

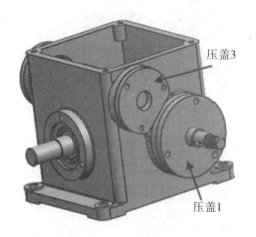

图 5.129　安装压盖 1 和 3

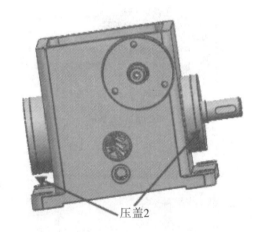

图 5.130　安装压盖 2

　　(7) 安装带轮

　　打开带轮(dailun)零件,在"添加组件"对话框"定位"下拉框中选择"通过约束",在"设置"选项组"引用集"选项下拉框中选择"模型(MODEL)",然后在对话框中单击 [应用] 按钮,系统弹出"装配约束"对话框,在"类型"选项中选择"接触对齐"约束,在"方位"下拉框中选取"首选接触"。接着在"组件预览"窗口将模型旋转至适当位置,选择如图 5.131 所示带轮的端面,然后在主窗口选择如图 5.132 所示蜗轮轴上的台阶面,完成接触约束。

　　在"方位"下拉框中选取"自动判断中心/轴",在"组件预览"窗口将模型旋转至适当位置,选择如图 5.133 所示带轮的孔,然后在主窗口选择如图 5.134 所示蜗杆轴的外圆面,完成中心对齐约束。

　　在"方位"下拉框中选取"首选接触",在"组件预览"窗口将模型旋转至适当位置,选择如图 5.135 所示带轮上键槽的侧面,然后在主窗口选择如图 5.136 所示蜗杆轴键的侧面,完成接触约束。

　　最后单击 确定 按钮完成带轮的安装,如图 5.137 所示。

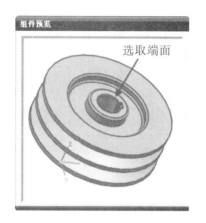

图 5.131　选取端面

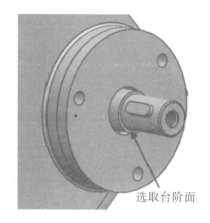

图 5.132　选取台阶面

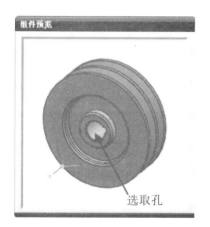

图 5.133　选取孔

图 5.134　选取外圆面

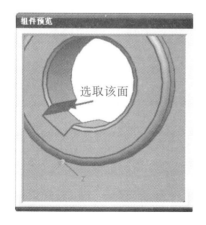

图 5.135　选取键槽侧面

图 5.136　选取键侧面

带轮

图 5.137　安装带轮

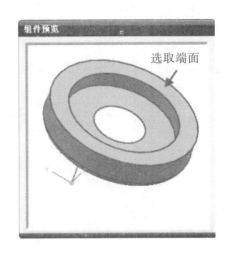

选取端面

图 5.138　选取垫片端面

（8）安装垫片

打开垫片 5（dianpian5）零件，在"添加组件"对话框"定位"下拉框中选择"通过约束"，在"设置"选项组"引用集"选项下拉框中选择"模型（MODEL）"，然后在对话框中单击 应用 按钮，系统弹出"装配约束"对话框，在"类型"选项中选择"接触对齐"约束，在"方位"下拉框中选取"首选接触"。接着在"组件预览"窗口将模型旋转至适当位置，选择如图 5.138 所示垫片端面，然后在主窗口选择如图 5.139 所示带轮端面，完成接触约束。

接着在"方位"下拉框中选取"自动判断中心/轴"，在"组件预览"窗口将模型旋转至适当位置，选择如图 5.140 所示垫片的外圆柱面，然后在主窗口选择如图 5.141 所示带轮的圆柱面，完成中心对齐约束。

最后单击 确定 按钮完成垫片的安装，如图 5.142 所示。

选取端面

图 5.139　选取带轮端面

选取圆柱面

图 5.140　选取圆柱面

选取圆柱面

图 5.141　选取圆柱面

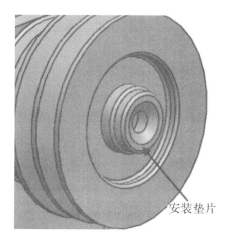

安装垫片

图 5.142　安装垫片

（9）安装螺栓 2

打开螺栓 2(luoshuan2)零件，在"添加组件"对话框"定位"下拉框中选择"通过约束"，在"设置"选项组"引用集"选项下拉框中选择"模型（MODEL）"，然后在对话框中单击 应用 按钮，系统弹出"装配约束"对话框，在"类型"选项中选择"接触对齐"约束，在"方位"下拉框中选取"自动判断中心/轴"，在"组件预览"窗口将模型旋转至适当位置，选择如图 5.143 所示螺栓的外圆柱面，然后在主窗口选择如图 5.144 所示垫片的圆柱面，完成中心对齐约束。

接着在"方位"下拉框中选取"首选接触"，在"组件预览"窗口将模型旋转至适当位置，选择如图 5.145 所示螺栓锥面，然后在主窗口选择如图 5.146 所示垫片锥面，完成接触约束。

最后单击 确定 按钮完成螺栓 2 的安装，如图 5.147 所示。

选取圆柱面

图 5.143　选取圆柱面

选取圆柱面

图 5.144　选取圆柱面

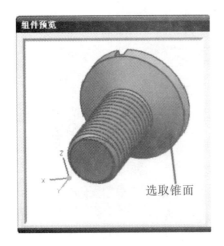

图 5.145　选取螺栓锥面

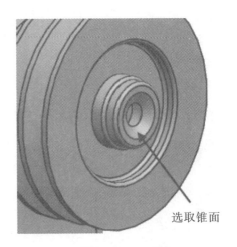

图 5.146　选取垫片锥面

图 5.147　安装螺栓 2

图 5.148　选取轮毂端面

（10）安装齿轮

打开齿轮（chilun）零件，在"添加组件"对话框"定位"下拉框中选择"通过约束"，在"设置"选项组"引用集"选项下拉框中选择"模型（MODEL）"，然后在对话框中单击 应用 按钮，系统弹出"装配约束"对话框，在"类型"选项中选择"接触对齐"约束，在"方位"下拉框中选取"首选接触"，在"组件预览"窗口将模型旋转至适当位置，选择如图 5.148 所示的齿轮轮毂端面，然后在主窗口选择如图 5.149 所示齿轮轴端面，完成接触约束。

在"方位"下拉框中选取"自动判断中心/轴"，在"组件预览"窗口将模型旋转至适当位置，选择如图 5.150 所示齿轮孔，然后在主窗口选择如图 5.151 所示圆柱面，完成中心对齐约束。

在"方位"下拉框中选取"首选接触"，在"组件预览"窗口将模型旋转至适当位置，选择如图 5.152 所示齿轮上键槽的侧面，然后在主窗口选择如图 5.153 所示齿轮轴键的侧面，完成接触约束。

最后单击 确定 按钮完成齿轮的安装，如图 5.154 所示。

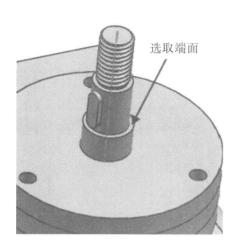

图 5.149 选取齿轮轴端面

图 5.150 选取齿轮孔

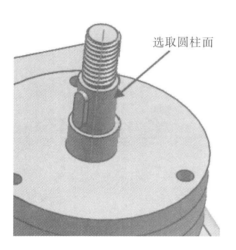

图 5.151 选取圆柱面

图 5.152 选取键槽侧面

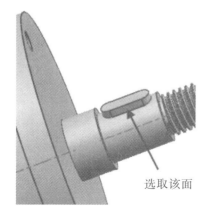

图 5.153 选取键侧面

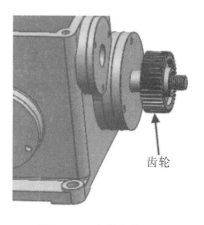

图 5.154 安装齿轮

（11）安装螺母 2

打开螺母 2(luomu2)零件，在"添加组件"对话框"定位"下拉框中选择"通过约束"，在"设置"选项组"引用集"选项下拉框中选择"模型（MODEL）"，然后在对话框中单击 应用 按钮，系统弹出"装配约束"对话框，在"类型"选项中选择"接触对齐"约束，在"方位"下拉框中选取"首选接触"，在"组件预览"窗口将模型旋转至适当位置，选择如图 5.155 所示螺母的底面，然后在主窗口选择如图 5.156 所示齿轮轮毂端面，完成接触约束。

接着在"方位"下拉框中选取"自动判断中心/轴"，在"组件预览"窗口将模型旋转至适当位置，选择如图 5.157 所示螺母圆柱面，然后在主窗口选择如图 5.158 所示轮毂外圆柱面，完成中心对齐约束。

最后单击 确定 按钮完成螺母 2 的安装，如图 5.159 所示。

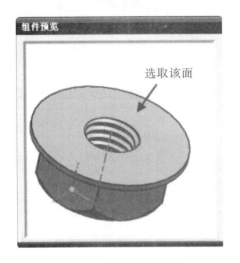

图 5.155　选取螺母端面

图 5.156　选取轮毂端面

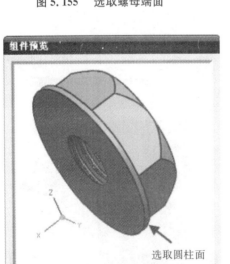

图 5.157　选取螺母圆柱面

图 5.158　选取轮毂外圆柱面

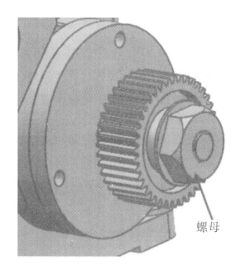

图 5.159　安装螺母 2

图 5.160　选取台阶面

（12）安装螺栓 3

打开螺栓 3(luoshuan3)零件，在"添加组件"对话框"定位"下拉框中选择"通过约束"，在"设置"选项组"Reference Set"选项下拉框中选择"模型（MODEL）"，然后在对话框中单击 应用 按钮，系统弹出"装配约束"对话框，在"类型"选项中选择"接触对齐"约束，在"方位"下拉框中选取"首选接触"，在"组件预览"窗口将模型旋转至适当位置，选择如图 5.160 所示螺栓的台阶面，然后在主窗口选择如图 5.161 所示螺纹孔凹面，完成接触约束。

接着在"方位"下拉框中选取"自动判断中心/轴"，在"组件预览"窗口将模型旋转至适当位置，选择如图 5.162 所示螺母圆柱面，然后在主窗口选择如图 5.163 所示轮毂外圆柱面，完成中心对齐约束。

最后单击 确定 按钮完成螺栓 3 的安装，如图 5.164 所示。

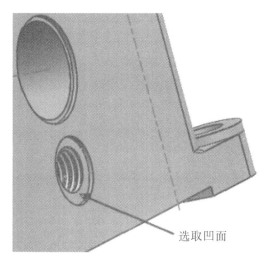

图 5.161　选取螺纹孔凹面

图 5.162　选取螺栓圆柱面

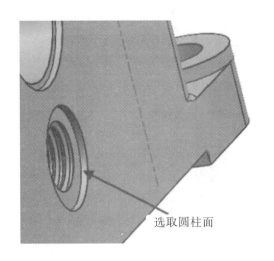

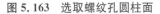

图 5.163　选取螺纹孔圆柱面　　　　　　　图 5.164　安装螺栓 3

（13）安装油标组件

打开油标（youbiao_zp）组件，在"添加组件"对话框"定位"下拉框中选择"通过约束"，在"设置"选项组"引用集"选项下拉框中选择"模型（MODEL）"，然后在对话框中单击 ▣▣▣▣ 按钮，系统弹出"装配约束"对话框，在"类型"选项中选择"接触对齐"约束，在"方位"下拉框中选取"首选接触"，在"组件预览"窗口将模型旋转至适当位置，选择如图 5.165 所示油标台阶面，然后在主窗口选择如图 5.166 所示箱体上的台阶面，完成接触约束。

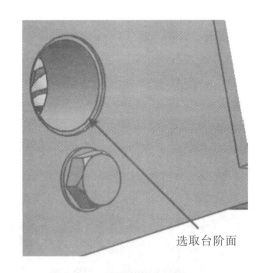

图 5.165　选取油标台阶面　　　　　　　图 5.166　选取箱体台阶面

接着在"方位"下拉框中选取"自动判断中心/轴"，在"组件预览"窗口将模型旋转至适当位置，选择如图 5.167 所示油标外圆面，然后在主窗口选择如图 5.168 所示箱体上的孔，完成中心对齐约束。

最后单击 ▣▣▣ 按钮完成油标组件的安装，如图 5.169 所示。

图 5.167　选取油标外圆面

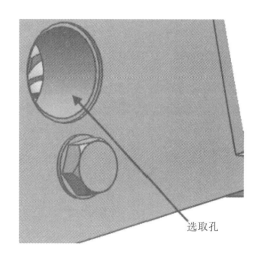

图 5.168　选取箱体上的孔

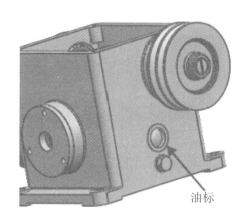

图 5.169　安装油标

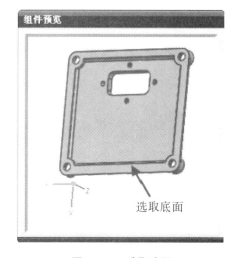

图 5.170　选取底面

（14）安装箱盖

打开箱盖（xianggai）零件，在"添加组件"对话框"定位"下拉框中选择"通过约束"，在"设置"选项组"引用集"选项下拉框中选择"模型（MODEL）"，然后在对话框中单击 应用 按钮，系统弹出"装配约束"对话框，在"类型"选项中选择"接触对齐"约束，在"方位"下拉框中选取"首选接触"，在"组件预览"窗口将模型旋转至适当位置，选择如图 5.170 所示箱盖底面，然后在主窗口选择如图 5.171 所示箱体上的顶面，完成接触约束。

接着在"方位"下拉框中选取"对齐"，在"组件预览"窗口将模型旋转至适当位置，选择如图 5.172 所示箱盖的长侧面，然后在主窗口选择如图 5.173 所示箱体前侧面，再选择如图 5.174所示箱盖短侧面，然后在主窗口选择如图 5.175 所示箱体右侧面，完成两个对齐约束。

最后单击 确定 按钮完成箱盖的安装，如图 5.176 所示。

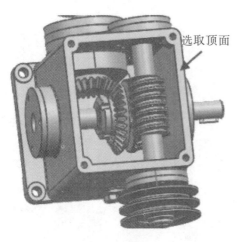

图 5.171　选取顶面

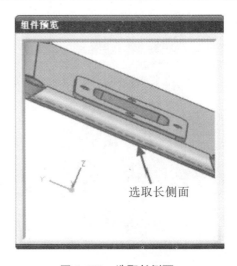

图 5.172　选取长侧面

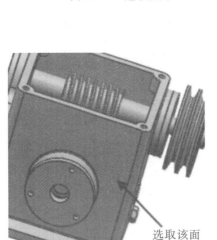

图 5.173　选取箱体前侧面

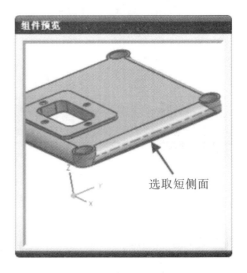

图 5.174　选取箱盖短侧面

图 5.175　选取箱体右侧面

图 5.176　安装箱盖

(15) 安装盖子

打开盖子(gaizi)零件,在"添加组件"对话框"定位"下拉框中选择"通过约束",在"设置"选项组"引用集"选项下拉框中选择"模型(MODEL)",然后在对话框中单击 应用 按钮,系统弹出"装配约束"对话框,在"类型"选项中选择"接触对齐"约束,在"方位"下拉框中选取"首选接触",在"组件预览"窗口将模型旋转至适当位置,选择如图 5.177 所示盖子底面,然后在主窗口选择如图 5.178 所示箱盖顶面,完成接触约束。

图 5.177　选取盖子底面

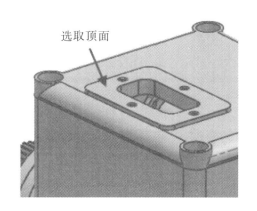

图 5.178　选取箱盖顶面

接着在"方位"下拉框中选取"对齐",在"组件预览"窗口将模型旋转至适当位置,选择如图 5.179 所示盖子的长侧面,然后在主窗口选择如图 5.180 所示箱盖前侧面,再选择如图 5.181 所示盖子短侧面,然后在主窗口选择如图 5.182 所示箱盖右侧面,完成两个对齐约束。

最后单击 确定 按钮完成盖子的安装,如图 5.183 所示。

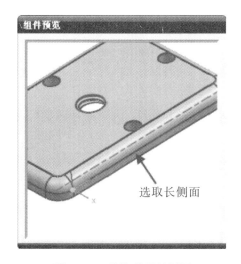

图 5.179　选取盖子长侧面

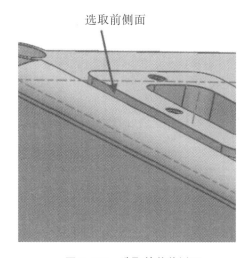

图 5.180　选取箱盖前侧面

图 5.181　选取盖子短侧面

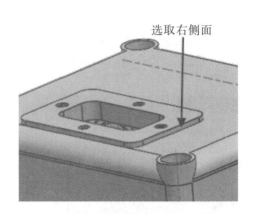

图 5.182　选取箱盖右侧面

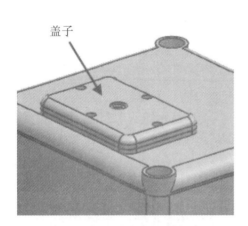

图 5.183　安装盖子

图 5.184　选取台阶面

(16) 安装油杯

打开油杯(youbei)零件,在"添加组件"对话框"定位"下拉框中选择"通过约束",在"设置"选项组"引用集"选项下拉框中选择"模型(MODEL)",然后在对话框中单击 应用 按钮,系统弹出"装配约束"对话框,在"类型"选项中选择"接触对齐"约束,在"方位"下拉框中选取"首选接触",在"组件预览"窗口将模型旋转至适当位置,选择如图 5.184 所示油杯的台阶面,然后在主窗口选择如图 5.185 所示盖子顶面,完成接触约束。

接着在"方位"下拉框中选取"自动判断中心/轴",在"组件预览"窗口将模型旋转至适当位置,选择如图 5.186 所示油杯轴线,然后在主窗口选择如图 5.187 所示盖子螺纹孔轴线,完成中心对齐约束。

最后单击 确定 按钮完成油杯的安装,如图 5.188 所示。

至此完成了整个减速器的安装操作。

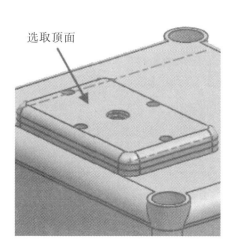

图 5.185　选取盖子顶面

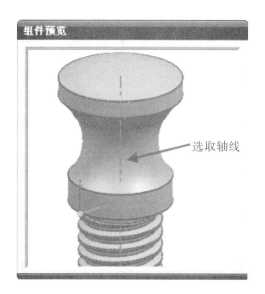

图 5.186　选取油杯轴线

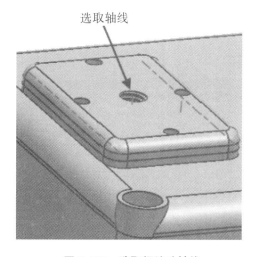

图 5.187　选取螺纹孔轴线

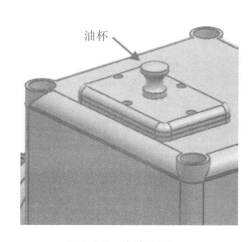

图 5.188　安装油杯

（17）保存文件
按指定路径保存文件。

# 5.8　小　　结

本章主要介绍了 UG NX 8.0 装配设计的基本概念和工具,重点讲解了导航器的作用和常用的装配工具。接着介绍了在装配设计中可有效提高设计效率的工具——创建组件阵列和镜像装配。最后通过综合实例——减速器的装配设计,详细地演示了创建装配体模型的全过程。本章内容相对较容易,将书中实例反复演练即可掌握模型装配的基本方法。

# 习　　题

1. 根据素材按照如图 5.189 所示要求完成平虎钳的装配设计。

装配提示:螺杆装在钳座的左右轴孔中,螺杆右端有调整垫,左端有垫圈、螺母、开口销,限定螺杆在钳座中的轴向位置。螺杆与方块螺母用梯形螺纹旋合,活动钳口装在方块螺母上方的定心圆柱中并用螺钉固定。夹紧工件时,活动钳口能以定心圆柱为回转中心,在水平方向自动调位,钳座与活动钳口上装有钳口铁,用螺钉紧固。

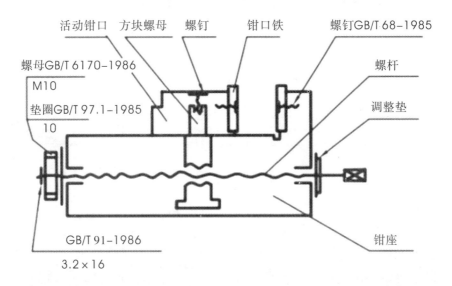

图 5.189　平虎钳装配示意图

2. 根据素材按照如图 5.190 所示要求完成气阀的装配设计。

装配提示:气阀由 9 个零件装配而成,1~7 为非标准件,8、9 为标准件。

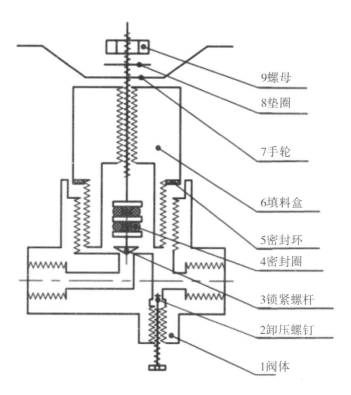

图 5.190 气阀装配示意图

9螺母

8垫圈

7手轮

6填料盒

5密封环

4密封圈

3锁紧螺杆

2卸压螺钉

1阀体

# 第6章　工程图设计

工程图是工程界的"技术交流语言",在产品的研发、设计和制造等过程中,各类技术人员需要经常进行交流和沟通,工程图则是经常使用的交流工具。尽管随着科学技术的发展,3D设计技术有了很大的发展与进步,但是三维模型并不能将所有的设计信息表达清楚,有些信息,例如尺寸公差、形位公差和表面粗糙度等,仍然需要借助二维的工程图将其表达清楚。因此绘制工程图是产品设计中较为重要的环节,也是对设计人员最基本的能力要求。

利用UG NX实体建模模块创建的零件和装配体主模型,可以引用到UG的工程图模块中,通过投影快速生成二维工程图。由于UG NX的工程图功能是基于创建三维实体模型的投影所得到的,因此工程图与三维实体模型是完全相关的,对实体模型进行的任何编辑操作,都会在三维工程图中引起相应的变化。

## 6.1　工程图概述

制图模块提供了绘制工程图、管理工程图以及创建工程图等过程的相关工具。因为从UG主界面进入制图模块的过程,是基于已创建的三维实体模型的,所以UG工程图具有以下的显著特征:

(1)制图模块与设计模块是完全相关联的。

(2)用造型来设计零部件,实现了设计思想的直观描述。

(3)能够自动生成实体中隐藏线的显示。

(4)可以直观地查看制图参数。

(5)可以自动生成并对齐正交视图。

(6)能够生成与父视图关联的实体剖视图。

(7)具有装配树结构和并行工程。

(8)图形和数据的绝对一致及工程数据的自动更新。

(9)充分的设计柔性使概念设计成为可能。

在UG图模块里,可以对图幅、视图、尺寸、注释等进行创建和修改,并且能够很好地支持GB、ISO、ANSI标准。

由于从设计模块到制图模块的转换过程中,制图模块与设计模块是完全相关联的,因此两种模式下图的数据也是相关的,也就是说在设计模块中,模型的任何更改都会马上反映到此模型的二维视图上。而且,图形的尺寸、文本注释等都是基于所创建的几何模型的,所以如果几何模型更改了,与之相关的尺寸、文本注释等也都会随之更改。

## 6.1.1 新建工程图

启动 UG NX 8.0,在建模环境下创建零件的三维模型后,单击菜单"开始"|"制图",如图 6.1 所示,系统就进入了工程图功能模块。如果是第一次进入工程图模块,会弹出如图 6.2 所示的"图纸页"对话框,在该对话框中可选择图纸页面大小、投影比例、单位以及投影方式等。

在投影方式中,有以下两个选项:

 第一角投影:ISO 标准,GB 标准也与之相同,应选择该项。

 第三角投影:英制标准,在英、美等国家使用。

图 6.1 进入制图模块          图 6.2 "图纸页"对话框

正确设置后单击 确定 按钮,即可进入工程图环境。在工程图环境中会自动出现"图纸""注释""尺寸"等工具栏,如图 6.3 所示,常用的命令都可以在这些工具栏上找到。

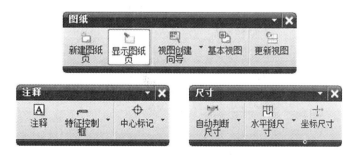

图 6.3 工程图工具栏

## 6.1.2　工程图类型

三维模型的结构多种多样,有些部件仅仅通过三维视图不能完全表达清楚,尤其对于内部结构复杂的零部件来说更是如此。为了更好地表达零部件的结构,国家标准规定了详细的表达方式,包括视图、剖视图、局部放大视图、剖面图和一些简化画法。UG 工程图类型可以用不同的方式进行分类。

### 1. 以视图方向来分类

(1) 基本视图

国家标准规定正六面体的六个面为基本投影面,按照第一角投影法,将零部件放置其中,并分别向 6 个投影面投影所获得的视图称为基本视图,包括主视图、俯视图、左视图、后视图、仰视图和右视图。

(2) 局部视图

当某个零部件的局部结构需要进行表达,并且没有必要画出其完整基本视图时,将该视图局部向基本投影面投影所得到的视图即为局部视图,它可以对零部件的某个细节部分做出详细的表达。

(3) 斜视图

将零部件向不平行于基本投影面的平面投影,获得的视图即为斜视图,适用于那些局部不能从单一方向表达清楚的零部件。

(4) 旋转视图

如果零部件某个部分的结构倾斜于基本投影面且具有旋转轴时,该部分沿着旋转轴旋转到平行于基本投影面后投影所获得的视图即为旋转视图。

### 2. 以视图表达方式分类

(1) 剖面图

利用剖切面将零部件的某处切断,只是画出它的断面形状,同时画出其剖面符号。

(2) 局部放大图

局部放大图是指将零部件的部分结构用比原图更大的比例画出的图形。局部放大图可以画成基本视图、剖视图或剖面图。

(3) 简化画法

在国家标准里,对肋板、轮辐和薄壁等专门规定了一些简化画法。

### 3. 以剖视图来分类

在视图中,所有的不可见结构都是用虚线来表达的。零件的结构越复杂,虚线就越多,同时也越难以分辨清楚,此时就需要采用剖视图进行表达。用一个平面去剖切零部件,移开剖切面,把剩下的部分向正面投影面投影所获得的图形,称为剖视图。剖视图主要包括以下几种:

(1) 全剖视图

利用剖切面完全剖开零部件所得到的剖视图。

(2) 半剖视图

零部件具有对称平面时,在垂直于对称平面的投影面上投影所得到的图形,以对称中心线为界线,一半画成剖视图,一半画成基本视图,这样的图形称为半剖视图。

（3）局部剖视图

利用剖切面局部剖开零部件所得到的剖视图。

其他的剖视图均可看作这几种剖视图的变形或者特殊情况。

## 6.1.3　首选项设置

在添加视图前,需要预先设置工程图的相关参数,这些参数大部分在制图过程中不需要改动。下面就这些设置进行讲述。

**1. 制图界面的首选项设置**

在学习制图参数首选项设置前,首先要了解制图界面首选项设置,主要包括工作界面的颜色设置以及栅格线的显示和隐藏。

（1）工作界面的颜色设置

在制图模式下,选择菜单"首选项"|"可视化"命令,打开"可视化首选项"对话框,然后切换到"颜色/线型"选项卡,通常背景为淡灰色,为了提高清晰度,可把前景选择为黑色,背景选择为白色,则图形变为白纸黑字的显示方式,如图 6.4 所示。

在"图纸部件设置"选项组中,可以设置"预选""选择""前景"和"背景"的颜色。

预选:当移动鼠标指向某制图对象时,可选择对象的预选颜色。

选择:单击鼠标左健,选择对象的颜色。

前景:创建制图对象的颜色。

背景:图纸的颜色,即工作界面的颜色。

选择某一色块,会弹出"颜色"对话框,如图 6.5 所示,从中可以选择要设置的颜色。

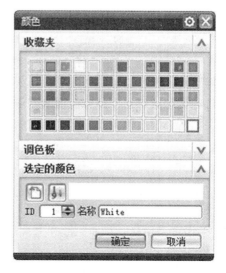

图 6.4　"颜色/线型"选项卡　　　　图 6.5　"颜色"对话框

（2）显示/隐藏栅格线

在制图模式下，选择菜单"首选项"|"栅格和工作平面"命令，弹出"栅格和工作平面"对话框，如图 6.6 所示，在其中可以设置图形窗口栅格的颜色、间隔、着重线和其他特性，也可取消"显示栅格"。

**2. 制图首选项设置**

在制图模式下，选择菜单"首选项"|"制图"命令，弹出"制图首选项"对话框，如图 6.7 所示，此对话框包含了对工程图进行首选项设置的所有工具选项，包括"常规""预览""图纸页""视图""注释"和"断开视图"6 个选项卡。

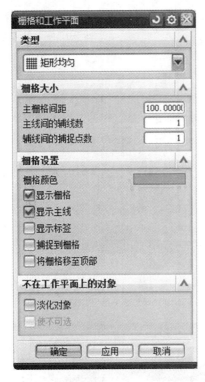

图 6.6    "栅格和工作平面"对话框          图 6.7    "制图首选项"对话框

（1）"预览"选项卡

"预览"选项卡中的首选项设置包括两种，一种是与视图显示有关的首选项设置，另一种是与标注有关的首选项设置。

（2）"视图"选项卡

"视图"选项卡包含"更新""边界""显示已抽取边的面""加载组件"和"可视"5 个选项组，如图 6.8 所示。参数比较多，这里主要介绍常用的两个参数选项。

延迟视图更新：用来设置当系统初始化图纸更新时，视图是否自动更新。

显示边界：设置是否显示自动矩形和手动矩形所定义的视图边界。

（3）"注释"选项卡

"注释"选项卡用于设置是否保留注释，如图 6.9 所示。

保留注释：由于设计模型的修改，可能会导致一些制图标注对象的基准被删除，该选项用来设置是否保留这些标注对象。

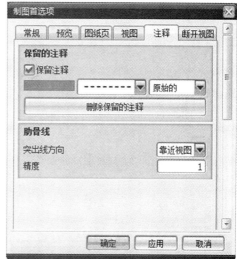

图 6.8　"制图首选项"对话框"视图"选项卡　　　图 6.9　"制图首选项"对话框"注释"选项卡

### 3. 视图标签首选项设置

选择"首选项"|"视图标签"命令,会弹出"视图标签首选项"对话框,如图 6.10 所示。

在对话框顶部有三个标签:"截面线""局部放大图""其他",分别用于设置剖视图、局部放大视图、其他视图的视图标签和比例标签的显示。三个标签按钮对应的三个对话框界面完全相同。只有选中"视图标签"或"视图比例"复选框时,其对应的选项才被激活。

一般局部放大视图同时显示"视图标签"和"视图比例"选项组,剖视图只显示"视图标签"选项组,其他视图都不显示。如果投影视图没有放置在视图通道内,需选中"视图标签"选项组中的"视图标签"复选框。

(1)"视图标签"选项组

"视图名"按钮:单击该按钮,视图标签显示为视图名。

"视图字母"按钮:单击该按钮,视图标签显示为视图字母。形式为:"前缀+字母格式",如前缀为 SECTION,字母格式为 A-A,则视图符号为 SECTIONA-A。

前缀:设置视图字母的前缀。该字段只支持 ASCII 字符集中的字符,不支持中文字符。剖视图默认前缀为 SECTION,局部放大视图默认前缀为 DETAIL,其他视图默认前缀为 VIEW。

字母格式:设置视图字母的格式,有 A 和 A-A 两种,剖视图一般为 A-A,局部放大视图

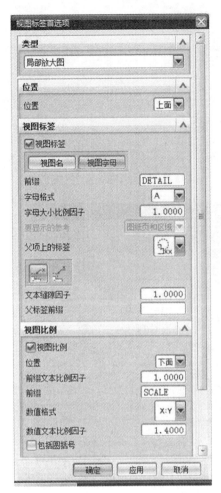

图 6.10 "视图标签首选项"对话框

和其他视图一般为 A。系统按顺序自动为视图分配一个单字母 A，B，C，…。如果单字母用完，系统按顺序自动为视图分配一个双字母 AA，AB，AC，…。

字母大小比例因子：设置视图字母格式的高度因子，对前缀无效。

父项上的标签：该选项只有在"局部放大图"界面中才可激活，用于设置局部放大视图父视图的标签式样。

（2）"视图比例"选项组

位置：指视图比例相对视图标签的位置，有"上面""下面""之前"和"之后"4 种，国家标准为"下面"。

前缀文本比例因子：设置视图比例前缀文本比例值的大小。

前缀：设置视图比例标签的前缀。该字段只支持 ASCII 字符集中的字符，不支持中文字符。默认为 SCALE。

数值格式：设置视图比例的格式，有 x∶y 等 4 种，国家标准为 x∶y。

数值文本比例因子：设置视图比例标签中数值的比例因子。

（3）"文本"选项组

视图比例标签的字体、字号、样式在"注释首选项"对话框的"文字"选项卡中设置。

（4）"设置"选项组

字母：设置"视图标签"选项组的字母，该字段只支持大写字母。

# 6.2 图纸页面管理

在 UG NX 环境中，任何一个三维模型，都可以通过不同的投影方法、不同的图样尺寸和不同的比例建立多样的二维工程图。工程图管理功能包括了新建图纸页、打开图纸页、删除图纸页和编辑图纸页等基本功能。下面分别进行介绍。

## 6.2.1 新建图纸页

第一次进入制图环境，系统会弹出如图 6.11 所示的"图纸页"对话框，在该对话框中设置好图纸页面大小、投影比例、单位以及投影方式等，单击"确定"按钮，即可新建一个图纸页，该图纸页的名称默认为"SHT1"。有时，一个零件或组件需要用两张或两张以上的图纸

来进行表达,此时需要新建图纸页。其方法是选择菜单"插入"|"图纸页",或者单击"图纸"工具栏上的"新建图纸页"按钮 ,弹出如图 6.11 所示的"图纸页"对话框,设置参数后单击 确定 按钮,即可完成新建图纸页的操作。根据零件或组件的需要,可建立若干图纸页。

## 6.2.2　打开图纸页

在"图纸"工具栏中单击"打开图纸页"按钮 ,系统将弹出如图 6.12 所示的"打开图纸页"对话框。对话框的上部为过滤器;中部为工程图列表框,其中列出了满足过滤器条件的工程图名称;在图名列表框中选择需要打开的工程图,则所选工程图的名称会出现在"图纸页名称"文本框中,这时系统就在绘图工作区中打开所选的工程图。

图 6.11　"图纸页"对话框

图 6.12　"打开图纸页"对话框

## 6.2.3　删除图纸页

要删除图纸页,可单击菜单"编辑"|"删除"命令,选择要删除的图纸页面即可;或者先选中要删除的图纸页面,再直接单击键盘上的<Delete>键即可。但是在进行删除操作时,不能删除当前正打开的工程图。

## 6.2.4　编辑图纸页

选中需要编辑的图纸页边框,双击即可打开如图 6.11 所示的"图纸页"对话框,在该对话框中进行设置后单击 **确定** 按钮,系统就会以新的工程图参数来更新已有的工程图。在编辑工程图时,投影角度参数只能在没有产生投影视图的情况下被修改,如果已经生成了投影视图,须将所有的投影视图删除后再执行编辑工程图操作。

## 6.2.5　显示图纸页

单击"显示图纸页"按钮 🖱,可在工程图与实体建模之间进行切换显示。

# 6.3　视　图　操　作

用户新建一个图纸页后,最关心的是如何在图纸页上生成各种类型的视图,如生成基本视图、剖视图或者其他视图等,这就是我们本节要讲解的视图操作。视图操作包括生成基本视图、投影视图、剖视图(包括一般剖视图、半剖视图和旋转剖视图等)、断开视图和局部放大图等。

## 6.3.1　基本视图

可以在一张图纸上创建一个或多个基本视图。基本视图包括 TOP(俯视图)、BOTTOM(仰视图)、FRONT(主视图)、BACK(后视图)、RIGHT(右视图)、LEFT(左视图)、TFR. ISO(正等轴侧视图)、TFR. TRI(轴侧视图)。基本视图可以是独立的视图,也可是其他图纸类型(如剖视图)的父视图。一旦放置了基本视图后,系统会自动转至投影视图模式。在没有放置基本视图的空图纸上,投影视图和二维剖视图的菜单处于非活动状态。只有图纸上有了基本视图,以上菜单才会发亮处于活动状态。

在开始创建视图的时候,第一步是在图纸上放置部件或装配的基本视图。与光标一起移动的预览样式框提供了着色或线框预览,以帮助获得正确的基本视图,然后再放置它。在使用屏幕工具条选项和右键单击选项时,可以使用"定向视图"工具更改视图的方位。可更改基本视图类型(俯视图、左视图等)和视图比例,显示视图标签和比例标签,在视图中隐藏或显示组件,在创建装配视图时可设定非剖切组件,还可添加非当前部件的基本视图,可在图纸页上的任意位置单击放置视图。

下面以图 6.13 所示阀体模型来对视图菜单进行逐一介绍。

在工程图中以 Z 轴正向为上,Y 轴正向为前,X 轴正向为右。具体在图纸上如何表达视图要看建模方式。由于采用的是第一角投影,所以看图的时候要投影到对面去。因此第一个视图应该建立前视图,这个视图放置好后,则自动切换到投影视图并有辅助线帮助对齐视

**图 6.13　阀体模型**

图,如图 6.14 所示。两图放置好后还可以用鼠标左键点选拖动。在这里发现平滑过渡部分仍有轮廓线存在,这是不合理的,可以在样式里去掉。

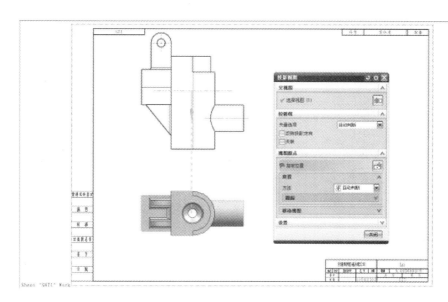

图 6.14　视图的添加

用右键点击要编辑的图形样式,将样式打开,在视图样式里将"光顺边"复选框关掉,则光滑过渡区域不再有轮廓线。如图 6.15 所示。

图 6.15　视图相关样式的制定

## 6.3.2　投影视图

在放置好基本视图以后,系统会立刻切换到投影视图模式,并且系统以自动定义的铰链线自动判断正交视图的方位。在对齐过程中会有发亮的辅助线帮助对齐视图。另外还可以手工定义铰链线,这样就可以得到所需要的投影辅助视图。

在操作中如果图纸上没有视图,则投影视图为不可选状态;如果图纸上已有视图,则选择视图后可添加它的投影视图。

如果有多个视图存在,则要选择要投影的父视图。把"父视图"|"选择视图"一项设置为选择状态,如图6.16所示,选中视图图框后,可以重新选择父视图。

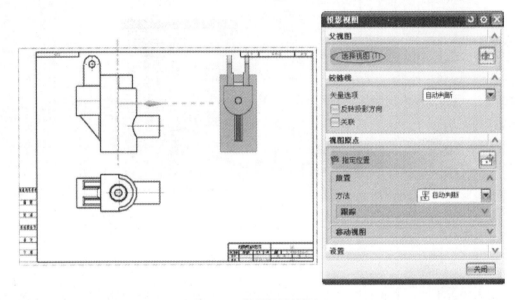

**图6.16　投影视图的添加**

## 6.3.3　剖视图

剖视图功能用于创建全剖视图和阶梯剖视图。下面以阀体模型为例介绍其全剖视图。

选择菜单"剖视图"后,选中要剖切的视图,状态栏会提示选择剖切位置。如图6.17所示。

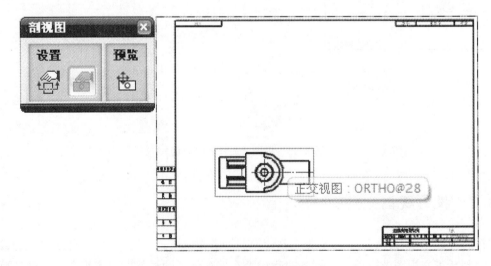

**图6.17　选择待剖视图**

剖切位置选在圆心处,左键选中中心点处,如图 6.18 所示,确定剖切位置,然后拖动视图放置到合适位置,如图 6.19 所示。

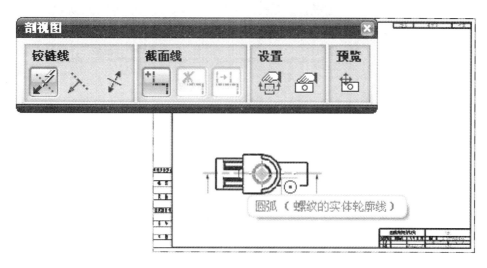

图 6.18　选择剖切位置

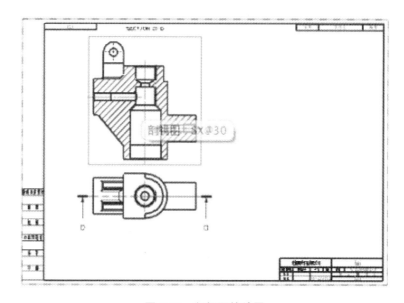

图 6.19　剖视图的放置

## 6.3.4　阶梯剖视图

为了减少工作量,可用一个剖视图表达多个截面的形状,这就是工程上经常采用的阶梯剖视图。选中被剖视图后,再选择添加段,然后选择剖切点,选取如图 6.20 所示的三个圆心,就可以移动段,直到剖切的视图满足要求为止。移动段时,先选"移动段"选项,然后选中要移动的水平段(因为竖直方向过圆心已经确定不需要再移动),发亮后再选择放置位置即可。如图 6.21 所示。

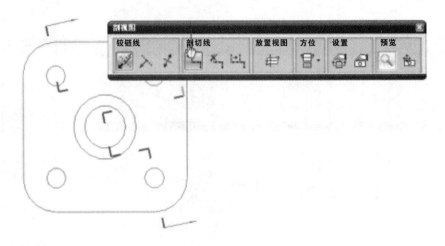

图 6.20　选择转折点

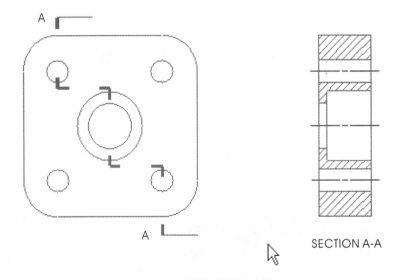

图 6.21　阶梯剖视图的放置

## 6.3.5　半剖视图

选择"半剖视图"菜单,前面步骤和全剖视图类似,选择铰链线时要重新设置,可以设置转折点和投影方向,并可以旋转视图放置的角度,以生成符合要求的和便于查看的图纸。"半剖视图"菜单的相关介绍如图 6.22、图 6.23 所示。

下面继续以阀体的剖切过程为例,介绍半剖视图的添加。

首先添加父视图,如图 6.24 所示。

然后选择"半剖视图"命令,如图 6.25 所示选择剖切点。

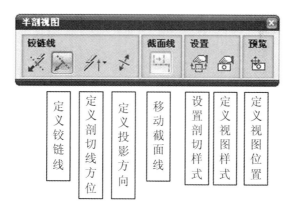

**图 6.22　重新定义铰链线**

**图 6.23　定义方向或反向投影**

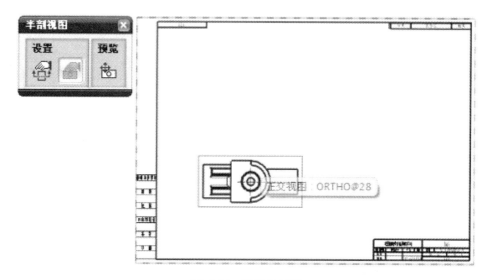

**图 6.24　放置父视图**

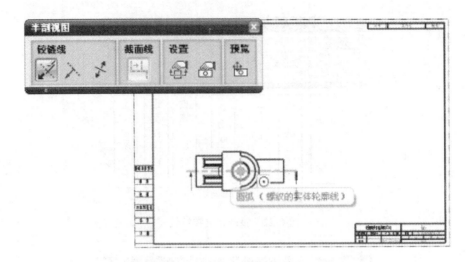

图 6.25　选择剖切点

选取剖切方向如图 6.26 所示。

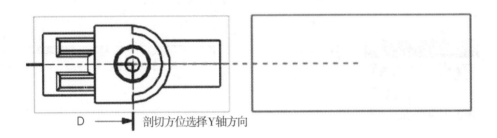

图 6.26　选择剖切方向

放置视图如图 6.27 所示。

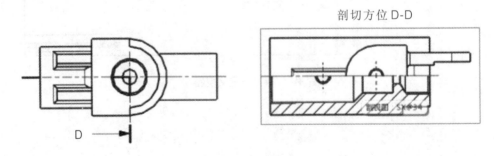

图 6.27　放置视图

　　选择好视图剖切位置和转折点以后,如果要剖切这个视图的右侧而不是图中所示的左侧,只需反转剖切方向,然后选择 Y 轴负向,即可得到满足要求的视图。如图 6.28 所示。

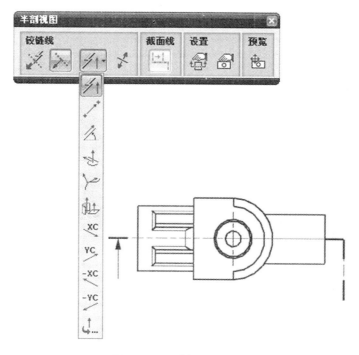

图 6.28　可选择 Y 向剖切

　　右键选取"视图样式"，在角度栏把默认的 0°改为 90°，半剖视图逆时针转 90°，就可以得到便于观察的视图（左视图半剖），如图 6.29、图 6.30 所示。

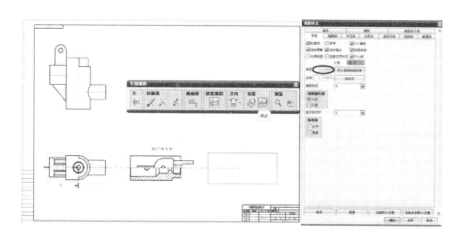

图 6.29　剖视图角度设置

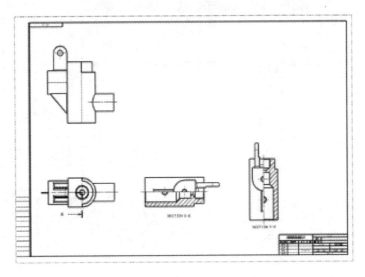

**图 6.30　左视图被转化为半剖视图**

## 6.3.6　旋转剖视图

下面以如图 6.31 所示模型为例介绍旋转剖视图的做法。

**图 6.31　旋转剖模型**

选择菜单"旋转剖视图"后选中被剖切的视图,则可以看到可旋转的剖切符号,如图 6.32 所示,选中心位置的圆心作为剖切的旋转中心位置。

然后选择左边的孔作为旋转剖的第一个位置,再选择右侧法兰上小孔的圆心作为第二个剖切位置,如图 6.33 所示,则全部剖切位置确定。现在可以编辑投影方向和放置视图了。这里选择 X 轴正向,如图 6.34 所示。最后完成旋转剖视图,如图 6.35 所示。

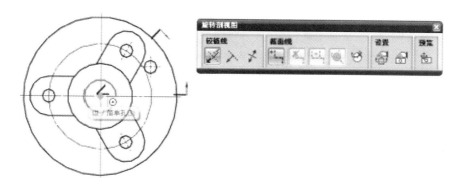

**图 6.32　选择剖切旋转中心位置**

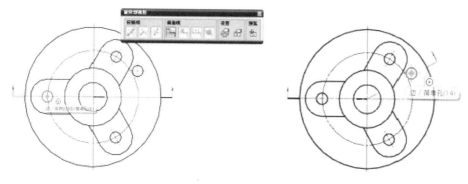

**图 6.33　选择两个剖切位置**

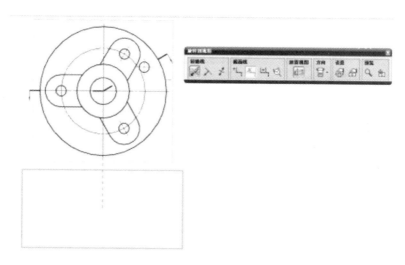

**图 6.34　放置旋转剖视图**

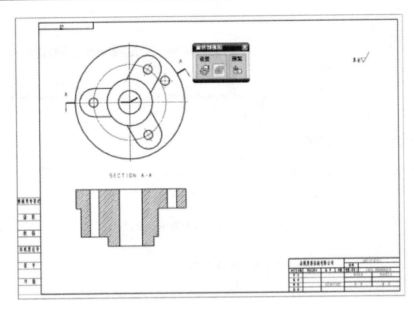

图 6.35 旋转剖视图

## 6.3.7 局部剖视图

要做"局部剖视图",先右键单击需要做局部剖的视图,然后选择"扩展",如图 6.36 所示(UG 工程图里画线一般要通过扩展成员视图来完成,完成后关掉扩展就可以了)。接下来选择"局部剖"选项,然后将新做的投影视图作为要做局部剖的视图。

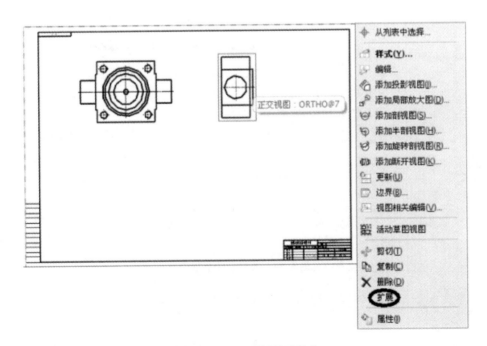

图 6.36 进入视图扩展状态

接着在扩展状态下,用曲线工具条中的艺术样条线绘制如图 6.37 所示的打断线。

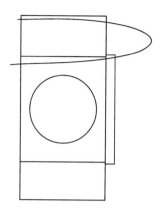

**图 6.37　剖切曲线的制作**

　　然后选择基点如图 6.38 所示,即选择正中心的圆心作为剖切位置。按如图 6.39 所示设置投影方向,按如图 6.40 所示选择打断线。最后放置局部剖视图的位置,如图 6.41 所示,完成局部剖视图。

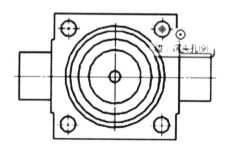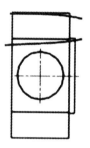

**图 6.38　选择剖切基点**

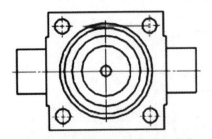
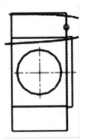

图 6.39　选择投影方向

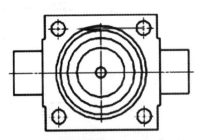

图 6.40　选择打断线

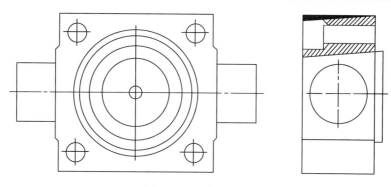

图 6.41　局部剖视图

　　局部剖还可以实现等轴测的局部剖视图,如图 6.42 所示就是采用局部剖的办法实现的。由于操作繁琐,且在工程图中不常用,这里不再详述。

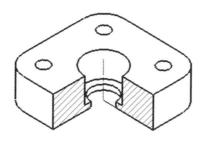

图 6.42　等轴测视图的局部剖视图

## 6.3.8　折叠剖视图

　　对于"折叠剖视图",选择"折叠剖视图"命令后,前面操作和其他剖视图类似,选择剖切位置时,分别选择第一个剖切点、第二个剖切点、第三个剖切点和第四个剖切点后完成此视图的剖切,然后可以把投影方向反向,最后放置剖视图。剖切后的视图不旋转,而是沿着矢量方向投影。如图 6.43、图 6.44 所示。由于这种视图不常用,具体过程不再详述。

图 6.43　模型

## 6.3.9　展开点到点的剖视图

　　为了减少视图个数,尽可能以少的视图表达更多的内容,UG NX 8.0 在工程图中还有展开点到点的剖视图功能，这里展开剖视中的点可以自己绘制，也可以以几何图形上的点作为剖切点，如图 6.45 所示。和折叠剖唯一不同的地方是此方法会旋转到与投影方向垂直的位置投影出去，相当于多位置的旋转剖。

## 6.3.10　轴测剖视图

轴测剖视图不常用，但是对理解视图来说却非常重要，UG NX 8.0 提供了这方面的内容。操作步骤如下：

（1）在"图纸布局"工具条上单击"轴测剖视图"按钮。如果工具条上没有显示，可以使用搜索功能来查找该命令。

（2）选择父视图。剖切线是在父视图中创建的。可从"视图选择列表"中选择父视图，也可以直接从图形屏幕中选择。如图 6.46 所示。

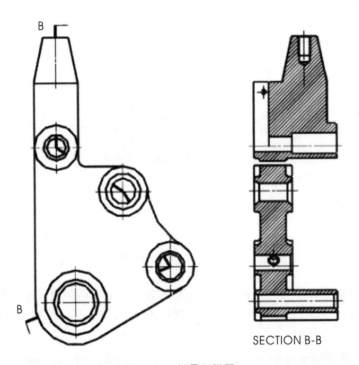

SECTION B-B

**图 6.44　折叠剖视图**

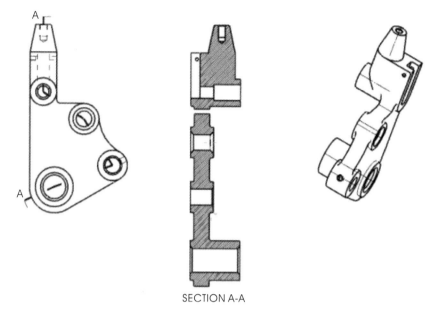

SECTION A-A

**图 6.45　点到点剖视图**

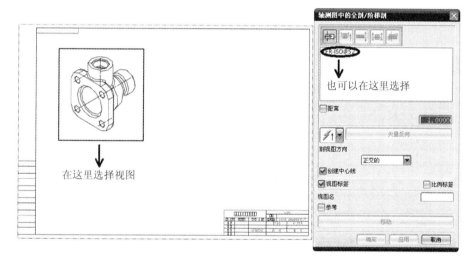

**图 6.46　选择父视图**

（3）定义箭头方向。箭头方向用来定义剖切线箭头的方向且必须与剖切方向垂直，定义后将显示一个指出矢量方向的矢量箭头。如果矢量箭头指向反方向，则可以通过按"矢量反向"按钮来更改其方向。如图 6.47 所示。这里一定要注意单击"应用"，否则不生效。

（4）定义剖切方向。剖切方向是用来指定剖切平面方向的矢量，定义后将显示一个指出矢量方向的矢量箭头。如果矢量箭头指向反方向，则可以通过按"矢量反向"按钮来更改其方向。也要单击"应用"按钮或右键单击并选择"应用"选项以使其生效。如图 6.48 所示。

（5）定义剖切位置。以上步骤完成后，会自动弹出"剖切线创建"对话框用于定义剖切位置，如图 6.49 所示。使用该对话框，可指定剖切线的剖切、箭头和折弯位置。该步骤可选择进行全剖还是阶梯剖。如果只定义了一个剖切位置，系统会生成全剖，如图 6.50 所示。如果定义了多个剖切位置，系统会生成阶梯剖。和正交视图方法相似，可以把剖切位置全部选中后,再选择转折点。

图 6.47 确定新视图方位

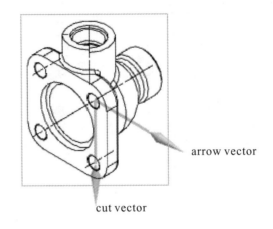

图 6.48 定义剖切方向

图 6.49 选择剖切位置

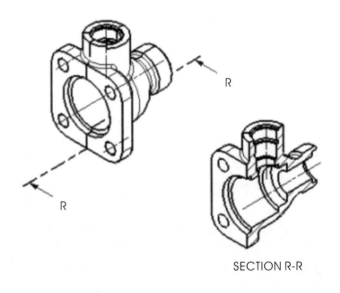

图 6.50 等轴测的全剖视图

（6）放置视图。同样可以得到想要的轴测全剖视图,但这里要注意剖视图模式的下拉菜单里选择"采用父视图方向",这样才能得到等轴测剖视图。

与平面全剖和阶梯剖类似,设置多个剖切位置及其转折点以后也可以得到轴测图的阶梯剖视图。如图 6.51 所示。

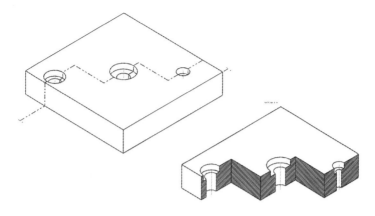

**图 6.51　轴测阶梯剖视图**

## 6.3.11　轴测半剖视图

与正交视图的半剖视图相比，轴测图的半剖视图更加直观，如图 6.52 所示。它的做法比较简单，步骤如下：

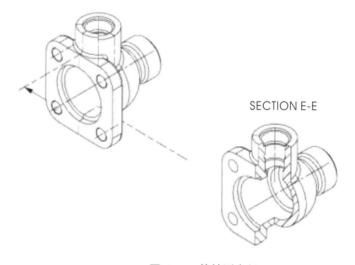

SECTION E-E

**图 6.52　等轴测半剖**

（1）在图纸布局工具条上选择"轴测半剖视图"按钮 ⌀ 。

（2）选择一个父视图。剖切线是在父视图中创建的。可从"视图选择列表"中选择父视图，也可以直接从图形屏幕中选择。

（3）确定剖切箭头方向。箭头方向用来定义剖切线箭头的方向且必须与剖切方向垂直，定义后将显示一个指出矢量方向的矢量箭头。如果矢量箭头指向反方向，则可以通过按"矢量反向"按钮来更改其方向。单击"应用"生效。

（4）定义剖切方向。剖切方向是用来指定剖切平面方向的矢量，定义后将显示一个指出矢量方向的矢量箭头。如果矢量箭头指向反方向，则可以通过按"矢量反向"按钮来更改其方向。单击"应用"表示确认。

（5）定义剖切位置。以上步骤完成后，将自动显示"剖切线创建"对话框。使用该对话框，可指定剖切线的剖切、箭头和折弯位置。半剖一般是定义了一个剖切位置后就定义转折点，这样就可以形成半剖的轴测图。

（6）在图纸上指出剖切视图的位置。将该视图拖动到图纸上所需的位置，拖动过程中，该视图的边界可见。

## 6.3.12　断开视图

在表达比较长的杆类零件的时候经常要使用"断开视图"，UG NX 8.0通过该命令可以创建、修改和更新带有多个边界的压缩视图，这种视图称为断开视图。只有在选择了一个视图之后，"断开视图"对话框上的选项才可用。可从图形屏幕中选择视图。注意断开视图对其父视图有限定，以下视图不能断开：

（1）多视图剖视图（展开剖和旋转剖）。

（2）局部放大图。

（3）带有剖切线的视图。

（4）带有小平面表示的视图。

下面以如图 6.53 所示模型为例来说明断开视图的创建过程。

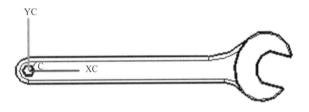

**图 6.53　零件主视图**

在"图纸布局"工具条中选择"断开视图"按钮，或者执行菜单命令"插入"|"视图"|"断开视图"，进入断开视图操作。一旦选择视图，视图会以扩展视图模式显示。选择断裂线为锯齿形，如图 6.54 所示。

这个时候命令状态栏会提示输入边界的起点，选择线上点，在该零件轮廓上选取一点，然后在打断处对面轮廓上再选取一点，这样第一个断面便形成了。接下来在零件的外侧作一个以断裂边为边的封闭多边形，则左半部分断下。点击"应用"按钮，如图 6.55 所示。

图 6.54　选择锯齿形断裂线

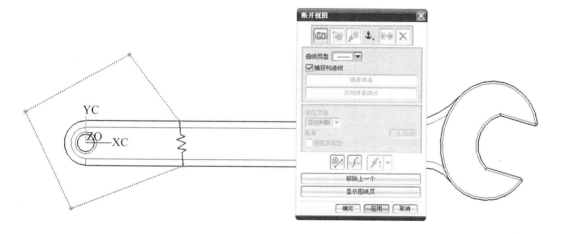

图 6.55　打断左侧

仿照上面的步骤再把右侧打断,如图 6.56 所示。

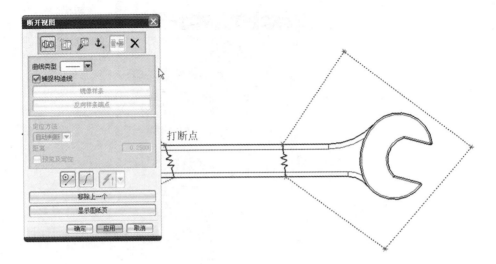

图 6.56  打断右侧

两侧都完成打断后点击"确定",则断开图完成。如图 6.57 所示。

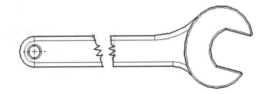

图 6.57  完成的断裂视图

## 6.3.13  局部放大图

局部放大图用于显示视图中不明显的细节。具体操作如下:选中要局部放大的部位,一般来说用捕捉点模式,如图 6.58 所示;然后选取放大比例和视图放置位置即可,如图 6.59 所示。

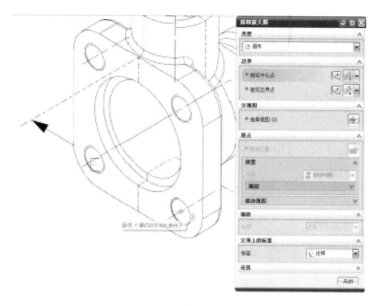

图 6.58　局部放大图选点

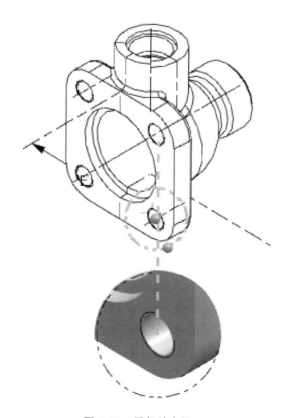

图 6.59　局部放大图

# 6.4　工程图标注

工程图标注是工程图的一个重要组成部分,产品研发、设计和制造等过程中的设计要求,如加工要求的尺寸精度、形位公差和表面粗糙度等,都需要借助工程图中相应的视图和标注将其表达清楚。UG 工程图具有方便、强大的尺寸标注功能。

## 6.4.1　标注设置

### 1. 制图标准设置

进入标注模式之前先要设定标注的标准,一般采用国标,使用"GB 出厂设置"这一项,在"Custmize Standard"里面可以进一步将标注格式设置为中国国家标准,如图 6.60 所示。

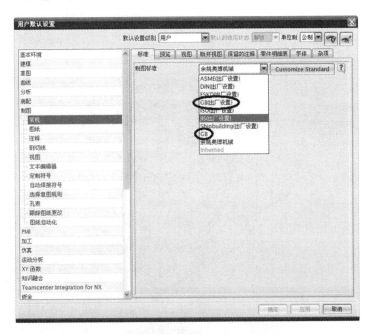

**图 6.60　将制图标准设置为 GB 出厂设置**

### 2. 注释设置

标注工程图之前,要先设置好标注格式。尺寸小数位数设为 1 位,公差小数位数设为 2 位,双尺寸小数位数设置为 3 位,双尺寸公差小数位数设置为 4 位,如图 6.61 所示。

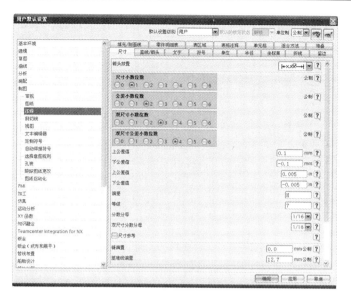

图 6.61　注释尺寸设置

## 3. 注释样式设置

进入"GB 出厂设置"|"Custmize Standard"，可以对标注样式进行设置。

（1）直线/箭头样式设置，如图 6.62 所示。

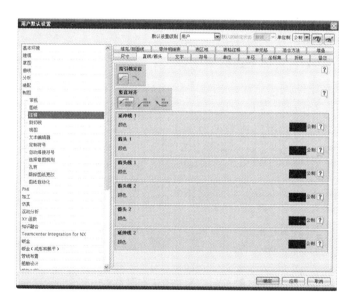

图 6.62　直线/箭头设置

（2）文字设置。UG NX 8.0 中默认的字体是 blockfont.fnx，而国家标准要求使用仿宋体。尺寸文本的大小一般为 3.5 mm。这些均可在如图 6.63 所示的界面中进行设置。

图 6.63　设置注释字体

## 6.4.2　尺寸工具条介绍

工程图标注是反映零件尺寸和公差信息的最重要方式,在本节中将介绍如何在工程图中使用标注功能。

利用标注功能,用户可以向工程图中添加尺寸、形位公差、制图符号和文本注释等内容。尺寸标注用于标识对象的尺寸大小。由于 UG 工程图模块和三维实体造型模块是完全关联的,在工程图中进行尺寸标注就是直接引用三维模型真实的尺寸,具有实际的含义,因此无法像二维软件中的尺寸那样可以进行改动。如果要改动零件中的某个尺寸参数,需要在三维实体中修改。修改三维模型,在工程图中更新视图后,相应尺寸会自动更新,从而保证了工程图与模型的一致性。

尺寸标注常用工具如图 6.64 所示,具体介绍见表 6.1。

图 6.64　尺寸标注常用工具

表 6.1　尺寸标注工具介绍

| 名　称 | 功能说明 |
|---|---|
| 自动判断 | 允许用户使用系统功能创建尺寸,以便根据用户选取的对象以及光标位置智能地判断尺寸类型 |
| 水平 | 在两个选定点之间创建一个水平尺寸 |
| 竖直 | 在两个选定点之间创建一个竖直尺寸 |
| 平行 | 在两个选定点之间创建一个平行尺寸 |
| 垂直 | 在一条直线或中心线与一个定义的点之间创建一个垂直尺寸 |
| 角度 | 创建一个定义两条非平行线之间的角度尺寸 |
| 圆柱 | 创建一个等于两个对象或点位置之间的线性距离的圆柱尺寸 |
| 孔 | 用单一指引线创建具有任何圆形特征的直径尺寸 |
| 直径 | 标注圆或圆弧的直径尺寸 |
| 倒斜角 | 创建倒斜角尺寸 |
| 半径 | 创建半径尺寸,此半径尺寸使用一个从尺寸值到圆弧的短箭头 |
| 过圆心的半径 | 创建一个半径尺寸,此半径尺寸从圆弧的中心绘制一条延伸线 |
| 带折线的半径 | 为中心不在图形区的特大型半径圆弧创建半径尺寸 |
| 厚度 | 创建厚度尺寸,该尺寸测量两个圆弧或两个样条之间的距离 |
| 圆弧长 | 创建一个测量圆弧周长的圆弧长尺寸 |
| 坐标尺寸 | 包含允许用户创建坐标尺寸的选项 |
| 水平链 | 创建一组水平尺寸,其中每个尺寸都与相邻尺寸共享其端点 |
| 竖直链 | 创建一组竖直尺寸,其中每个尺寸都与相邻尺寸共享其端点 |
| 水平基线 | 创建一组水平尺寸,其中每个尺寸都共享一条公共基线 |
| 竖直基线 | 创建一组竖直尺寸,其中每个尺寸都共享一条公共基线。<br>另请参见:编辑链尺寸和基线尺寸 |

### 6.4.3 标注尺寸的方法

前面讲解了尺寸的类型,本节将介绍尺寸的标注方法。尺寸的标注一般包括选择尺寸类型、设置尺寸样式、选择名义精度和编辑文本等。下面具体介绍各个步骤的操作方法。

**1. 选择尺寸类型**

前面已经介绍了尺寸的所有类型,用户可以根据标注对象的不同,选择不同的尺寸类型。例如标注对象为圆时,用户可以选择"直径"或"半径"等尺寸类型;如果需要标注尺寸链,可以选择"水平链""水平基线"等尺寸类型来生成尺寸链。

**2. 设置尺寸样式**

此处以"直线"尺寸表型为例。在"尺寸"工具条中单击"直径"按钮,打开如图 6.65 所示的"直径尺寸"对话框。在"直径尺寸"对话框中单击"尺寸标注样式"按钮 ᴬ◢,可以打开如图 6.66 所示的"尺寸标注样式"对话框。其中有 6 个标签,分别是"尺寸""直线/箭头""文字""单位""径向"和"层叠"。单击其中的某个标签,即可切换到相应的选项卡进行操作。

图 6.65 "直径尺寸"对话框

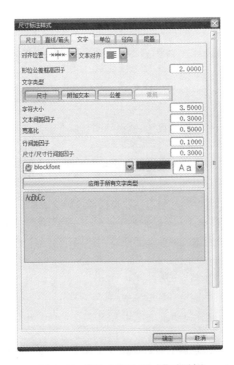

图 6.66 "尺寸标注样式"对话框

　　在"尺寸"选项卡中,可以设置尺寸标注的精度和公差、倒斜角的标注方式、文本偏置和指引线的角度等。

　　在"直线/箭头"选项卡中,可以设置箭头样式、箭头大小和角度、箭头和直线颜色、直线线宽及线型等。

　　在"文字"选项卡中,可以设置文字的对齐方式、对齐位置、文字类型、字符大小、间隙因子、宽高比和行间距因子等。

　　在"单位"选项卡中,可以设置尺寸格式及其单位、角度格式、双尺寸格式和单位等。

　　在"径向"选项卡中,可以设置尺寸的符号、小数位等。

　　在"层叠"选项卡中,可以设置尺寸中文本的位置和间距等。

**3. 选择标称值**

　　该下拉列表框可以设置基本尺寸的名义精度,即小数点的位数。最多可以设置 6 位小数精度,系统默认的小数精度为 1。

**4. 编辑文本**

　　当用户需要修改尺寸的文本格式时,如字体的大小和颜色等,可以在"直径尺寸"对话框中单击"文本编辑器"按钮 **A**,打开如图 6.67 所示的"文本编辑器"对话框,系统提示用户"输入附加文本"。

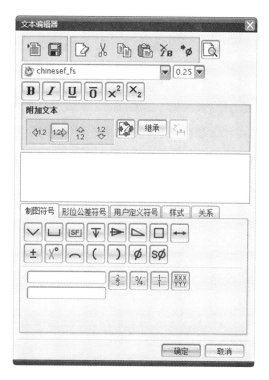

**图 6.67　"文本编辑器"对话框**

　　"文本编辑器"对话框由以下 5 个部分组成:

　　第一部分是用来编辑文本的一些按钮,从左到右依次为"插入文件中的文本""另存为""清除""剪切""复制""粘贴""删除文本属性""选择下一个符号"和"显示预览"。"显示预览"

按钮可以使用户在退出"文本编辑器"对话框之前预览文本的效果,这样可以在文本框中多次编辑文本,直到满意再退出"文本编辑器"对话框。

第二部分用来指定字体、字号、粗体或者斜体、上/下划线及上/下标等参数。

第三部分是附加文本,是指在原文本的基础上新增其他的文本。选项中前4个箭头按钮用来表示附加文本相对原文本的位置。"继承"按钮用来指定附加文本具有其他附加文本的属性和位置。例如,原来的附加文本在原文本下方,此次编辑的附加文本也在下方。

第四部分是编辑文本框,该文本框用来输入和显示文本。

第五部分是5个标签,分别是"制图符号""形位公差符号""用户定义符号""样式"和"关系"。用户可以单击这些标签,切换到相应的选项卡,然后单击选项卡中的按钮,这些按钮符号将以代码的形式显示在文本框中。单击 确定 按钮退出"文本编辑器"对话框后,这些代码转换成符号显示在视图中。

## 6.4.4　编辑标注尺寸

编辑标注尺寸有以下两种方法:

(1) 在视图中双击一个尺寸,打开如图6.68所示"编辑尺寸"对话框,在该对话框中单击相应按钮来编辑尺寸。

图6.68　"编辑尺寸"对话框

(2) 在视图中选择一个尺寸后,右击,在弹出的快捷菜单中选择"编辑"命令打开"编辑尺寸"对话框,余下的步骤和前述相同,这里不再详述。

## 6.4.5　插入表格和零件明细表

注释除了上文讲过的形位公差和文本外,还包括表格和零件明细表。本节介绍插入表格和零件明细表的方法。

在UG制图环境中,右击非绘图区,从弹出的快捷菜单中选择"表"命令,添加"表"工具条到制图环境用户界面,如图6.69所示。

图6.69　"表"工具条

"表"工具条中包含"表格注释""零件明细表""自动符号标注""表格标签""编辑表格"和"编辑文本"等按钮。下面介绍这些按钮的含义及操作方法。

**1. 表格注释**

"表格注释"用来在图纸页中增加表格,系统默认增加的表格为 5 行 5 列。用户可以利用其他按钮增加或者删除单元格,以及调整单元格的大小。

在"表"工具条中,单击"表格注释"按钮,会弹出"表格注释"对话框,如图 6.70 所示。系统提示用户"指定原点或按住并拖动对象以创建指引线",同时在图纸页中以一个矩形框代表新的表格注释。当用户在图纸页中选择一个位置后,即可创建表格。

**图 6.70　"表格注释"对话框**

插入的表格注释左上角有一个移动手柄,可以单击之后拖动手柄,表格注释将随鼠标移动。移动到合适位置释放鼠标,表格注释就放置到图纸页的合适位置了。

用户可以调整单元格的宽度和高度。把鼠标放在单元格之间的交界线处,按住鼠标左键不放拖动,此时图纸页中显示宽(高)度数值,直到符合自己的设计要求为止。

**2. 零件明细表**

在"表"工具条中,单击"零件明细表"按钮▦,系统提示用户"指明新的零件明细表的位置",同时在图纸页中以一个矩形框代表新的零件明细表。当用户在图纸页中选择一个位置后,零件明细表显示如图 6.71 所示。零件明细表包括"部件号""部件名称"和"数量"三个部分。

零件明细表与表格注释不同,表格注释可以创建多个,但是零件明细表只能创建一个。

图纸页中已经存在一个零件明细表时如果再次单击"表"工具条中的"零件明细表"按钮![img]，系统将打开如图 6.72 所示的"多个零件明细表错误"对话框，提示用户不能创建多个零件明细表。

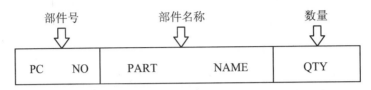

图 6.71　零件明细表

图 6.72　"多个零件明细表错误"对话框

**3.　其他操作**

用户在插入表格注释和零件明细表后，还要在单元格中输入文本信息，有时还需要合并单元格，这些操作都可以通过快捷菜单来完成。在表格注释中选择一个单元格右击，出现如图 6.73 所示的表格注释快捷菜单。

（1）编辑单元格

在表格注释快捷菜单中选择"编辑单元格"命令，将在该单元格附近打开一个文本框，用户可以在该文本框中输入表格的文本信息。在表格注释中双击一个单元格，也可以打开一个文本框供用户输入单元格的文本信息。

（2）编辑文本

在表格注释快捷菜单中选择"编辑文本"命令，将打开"注释编辑器"对话框，具体操作不再详述。

（3）样式

在表格注释快捷菜单中选择"样式"命令，将打开"注释样式"对话框，具体操作不再详述。

（4）选择

在表格注释快捷菜单中选择"选择"命令，可以打开其子菜单，如图 6.74 所示，这三个命令分别用来选择整行单元格、整列单元格和部分单元格。

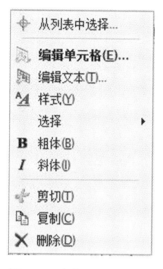

图 6.73　表格注释快捷菜单

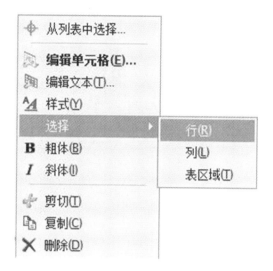

图 6.74　"选择"子菜单

# 6.5　设计实例

本节以如图 6.75 所示的模型为例来讲解工程图的标注。

此零件内部结构相对复杂,既要表达内部形状,又要表达较小位置的结构,同时还要标注加工要求。

图 6.75　产品模型

如图 6.76 所示是完成的标准工程图图纸。

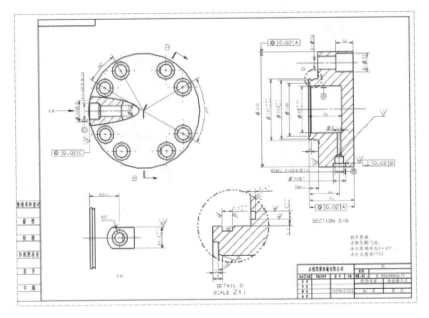

图 6.76　完整的工程图

## 6.5.1　建立基本视图

先建立一个 A3 图纸,名称定为 HG。

先插入第一个视图,即其他视图的父视图,比例取为 1∶2。本图添加的第一视图为表达元素最多的右视图,然后以此为基础添加旋转剖视图和局部视图。由于局部形状需要一个 K 向的向视图,采用视图编辑的方式来实现。K 向标记采用"箭头方向" 建立。如图6.77 所示。

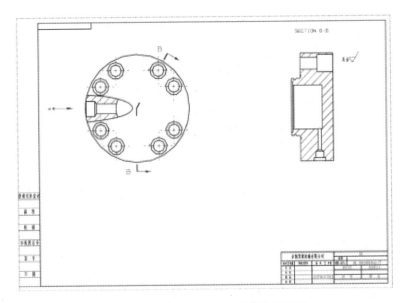

图 6.77　建立基本父视图及旋转剖视图

　　以第一视图作为父视图,用投影视图方式可以作出一个 K 向视图,但是需要去除多余线条,因此采用视图相关编辑的方式去掉多余的线条,如图 6.78、图 6.79 所示。

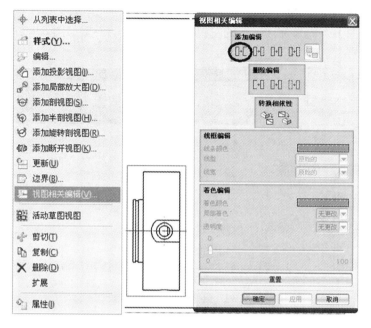

图 6.78　擦除多余线条

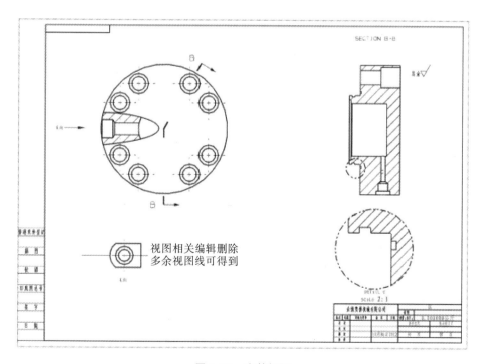

图 6.79　完整视图

## 6.5.2　尺寸标注

尺寸的字体在前面已经设置成常用的仿宋体格式。为视图表达清晰,经常把圆盘类零件标注在非圆视图上。先来标注视图的左视图,标注样式的设置如图 6.80 所示。

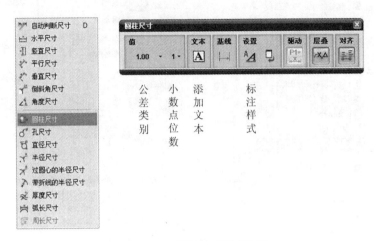

**图 6.80　圆柱标注及尺寸公差**

### 1. 尺寸标注及公差

标注部分是圆柱,选择"圆柱尺寸"标注 ⬛️。尺寸 Ø235 无公差及其他要求,直接标注即可;尺寸 Ø125 的上偏差为−0.043,下偏差为−0.068,编辑方式如图 6.81 所示。

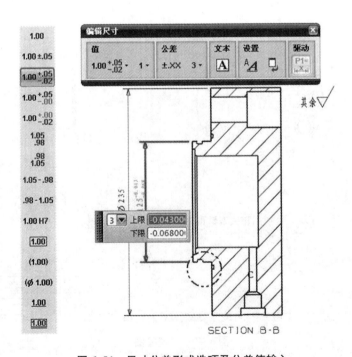

**图 6.81　尺寸公差形式选项及公差值输入**

接下来设置标注样式,把字体设为"仿宋_GB2312";小数点格式设为句点;符号和文字间隙设为 0,这样标注文字比较紧凑,如图 6.82 所示。

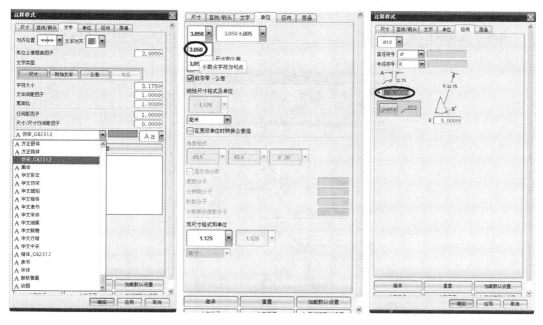

**图 6.82 设置标注样式**

接着可以采用"样式继承" 进行其他标注。这个 GC 工具箱命令是 UG NX 6.0 以前版本所没有的,可以继承设置好的样式,用起来比较方便。效果如图 6.83 所示。

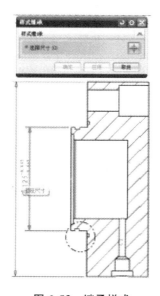

**图 6.83 继承样式**

　　所要标注的部分有正偏差也有负偏差，这里要注意，负偏差要加"－"，而正偏差系统会自动加上"＋"，所以在修改上、下偏差的时候不能再添加"＋"，否则在修改完成后命令状态栏会提示"输入不正确"，造成修改失败，如图 6.84 所示。

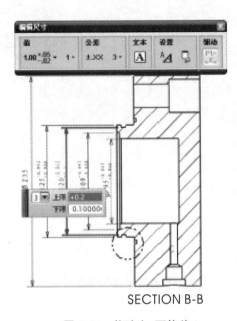

图 6.84　修改上、下偏差

　　有些孔在建立视图的时候没有加中心线，可以用中心标记添加中心线，如图 6.85 所示。

（a）选择中心线标记

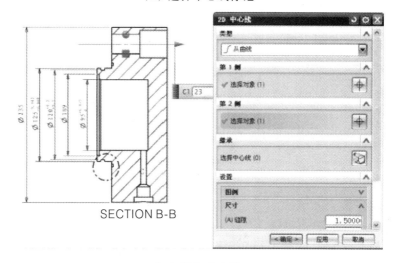

（b）添加中心线

**图 6.85　添加中心线**

#### 2. 基线标注

基线标注和连续标注的方式类似,标注命令如图 6.86 所示。

如图 6.87 所示,先选择基线的起始点,然后连续选择要标注的其他标注点,标注完后发现尺寸 5 在上方出现了尺寸线和尺寸边界线交叉。此时双击尺寸 5,出现偏置后把值改为"−5",确定后,尺寸 5 就移到尺寸 3 下方。

#### 3. 角度标注

接下来进行角度标注。图中圆心位置没有直线,标注时采用两点确定直线的方法来确定角的两条边。如图 6.88 所示。

**图 6.86　基线标注命令**

在角度标注的时候,第一步选择的对象是第一条边矢量通过的点,选择大圆的圆心,然后选择第一条边通过的两个点,即可确定角度标注的第一条边。同理可以确定第二条边,这样就完成了整个角度标注。如图 6.89 所示。

#### 4. 添加附加文本

右键选中已标注尺寸,选择标注样式,文字放置位置选择"之前",添加文本"8−"。如图 6.90 所示。

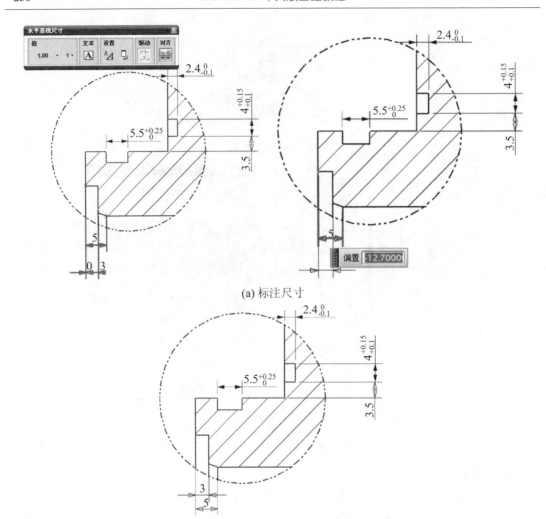

(a) 标注尺寸

(b) 调整尺寸的位置和距离

图 6.87　基线标注方法

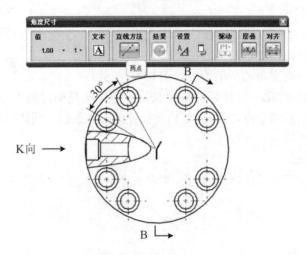

图 6.88　选择两点确定角度线

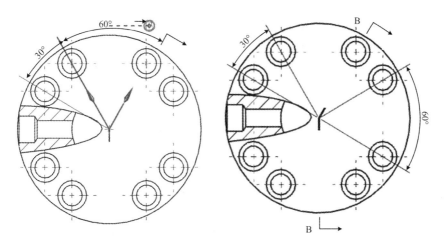

**图 6.89 角度标注**

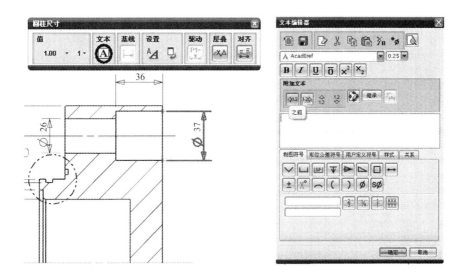

**图 6.90 选择文字及放置位置**

然后可对附加文本的样式和位置进行编辑，如图 6.91 所示。

接下来修改文字方位。图上 R27 文字样式为与尺寸线对齐，要改成水平放置。选中 R27 后，进入样式进行编辑，选择文字，打开"注释样式"对话框，选择水平放置，如图 6.92 所示。完成后如图 6.93 所示。

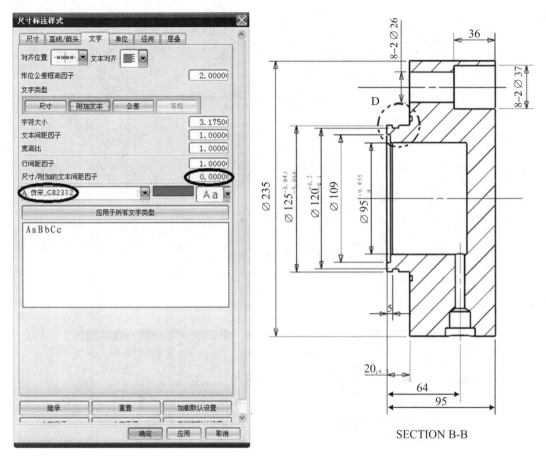

SECTION B-B

图 6.91 附加文本文字样式

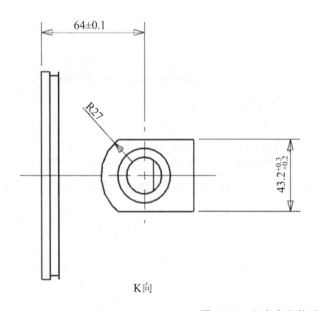

K向

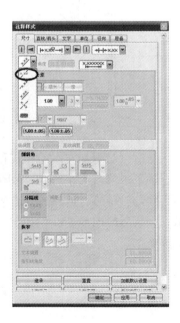

图 6.92 文字方位修改前

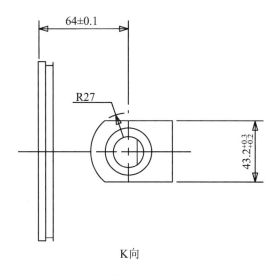

K向

**图 6.93　修改成水平文字样式**

## 6.5.3　形位公差标注

**1. 基准标注**

　　基准是标注中常见的符号，UG NX 8.0 是如何标注的呢？前面讲述了标注工程图前的基本设置，要把用户默认设置里的注释编辑器设置为中国国家标准，否则基准标注出来会是方形的。下面讲述基准标注。点击菜单命令"注释"，弹出如图 6.94 所示的"注释"对话框，在"文本输入"处输入建立的基准 A，激活引线，并选择基准，然后选择要标注基准的要素，就可以完成基准的标注。如图 6.94 所示。

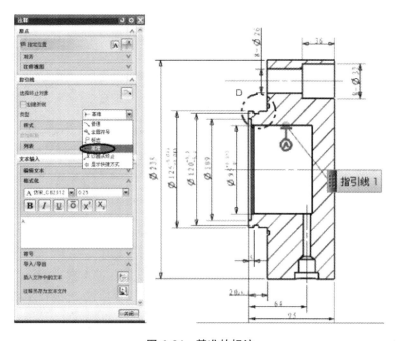

**图 6.94　基准的标注**

**2. 形位公差标注**

同轴度标注：选择菜单命令"特征控制框"，弹出"特征控制框"对话框，在"特性"处选择"同轴度"，公差值为0.02，第一基准参考选择A，选中"引线"选项，标出引线。图中两处有同轴度要求需标注，标注好第一条引线后，点右键添加新引线，完成同轴度的标注。如图6.95所示。

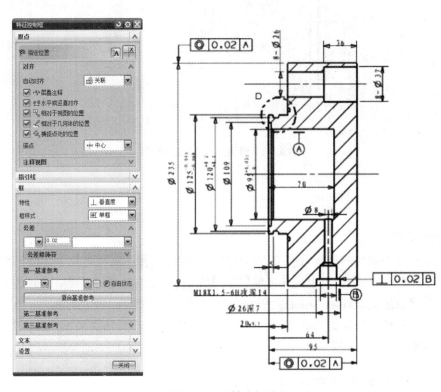

**图6.95　同轴度标注**

## 6.5.4　表面粗糙度标注

选择菜单命令"插入"|"注释"|"表面粗糙度符号"，进行表面粗糙度标注。

在$a_2$处输入1.6，选择在边上创建粗糙度，如图6.96所示。单击样式按钮可以对文字样式和大小进行设置，如图6.97所示。再选中要标注的边，选择放置位置，完成表面粗糙度标注。

## 6.5.5　添加技术要求

选择菜单命令"GC工具箱"|"注释"|"技术要求库"，添加技术要求，具体的加工处理方法可以从技术要求库里选择添加，如图6.98所示。选择放置位置，完成技术要求的添加。

至此，工程图的标注全部完成。完成后的工程图如图6.99所示。

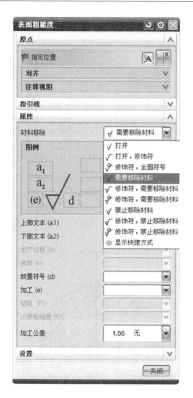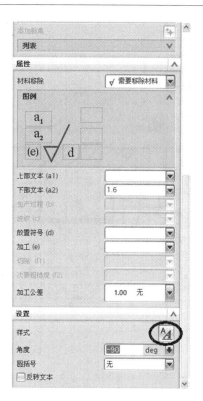

图 6.96　表面粗糙度的相关设置

图 6.97　表面粗糙度字体的相关设置　　　图 6.98　添加技术要求

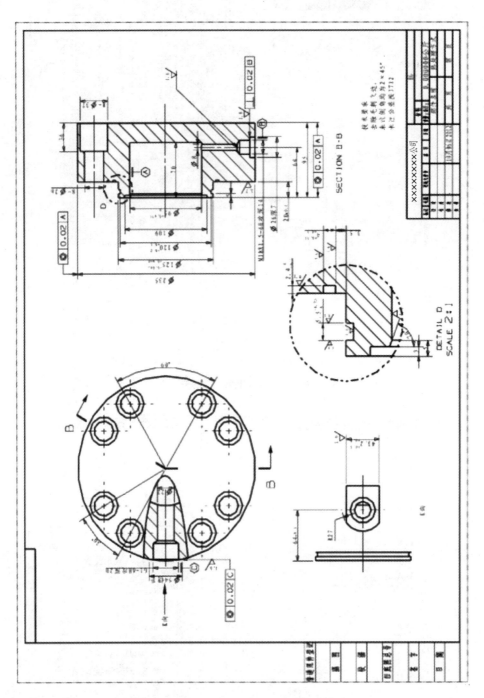

图 6.99   完成后的工程图

# 6.6　小　　结

本章以案例为基础,从工程图概述、图纸页面管理、视图操作、工程图标注和工程图生成5 个方面对 UG NX 8.0 工程图制作进行了讲解,重点内容如下:

(1) 工程图的基本设置。

(2) 基本视图和各种剖视图的创建。

(3) 工程图中尺寸公差、形位公差、表面粗糙度、尺寸样式和附加文本的格式编辑。

(4) 零件图的综合表达。

# 习　　题

1. 根据如图 6.100 所示图纸,绘制出其模型图,并自制图框,对其进行标注。

2. 根据如图 6.101 所示图纸作出其模型图,编辑该图纸背景颜色并消除网格,标注出所有的尺寸公差、形位公差、表面粗糙度和基准。

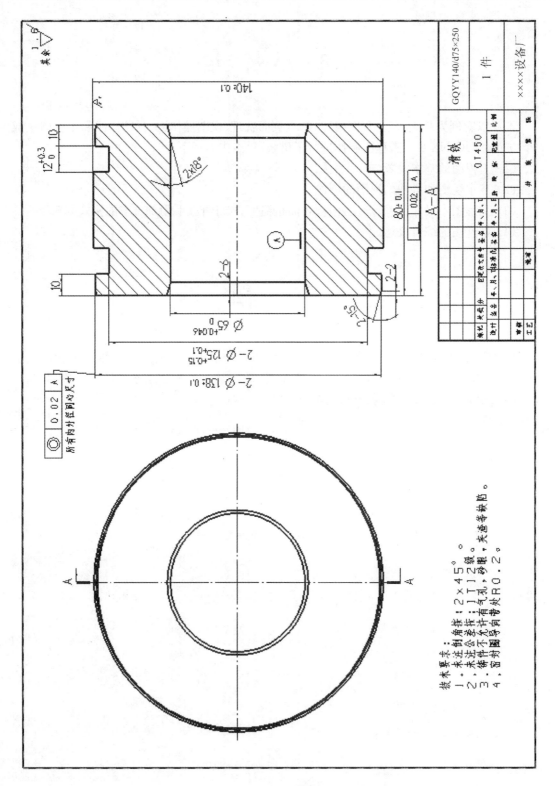

图 6.100  习题 1

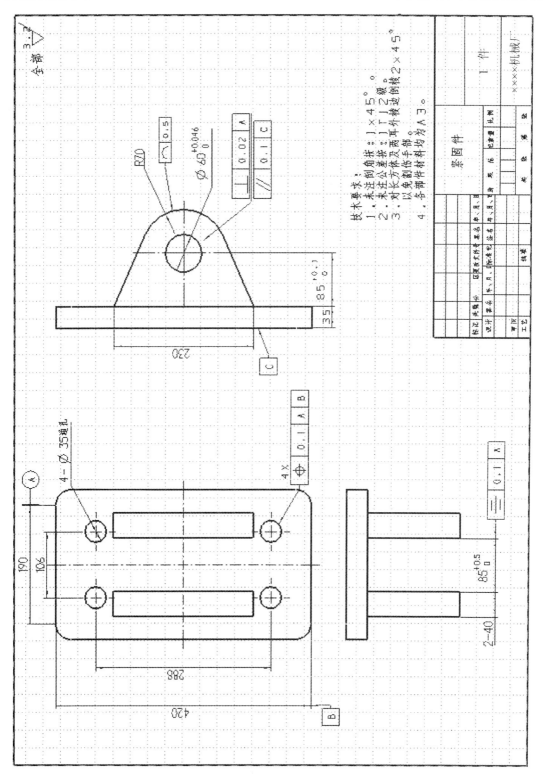

**图 6.101　习题 2**

# 参 考 文 献

［1］ 沈春根，董佳丽，裴宏杰. UG NX 5.0 中文版曲面造型基础及实例精解［M］. 北京:化学工业出版社,2008.

［2］ 胡海龙，张云杰，乔建军. CATIA V5 R2 曲面设计［M］. 北京:清华大学出版社,2011.

［3］ 袁飞. UG NX 6.0 曲面设计实例精选教程［M］. 北京:机械工业出版社,2011.

［4］ 光耀，李达蕾，谢龙汉. UG NX 7 三维造型设计及制图［M］. 北京:清华大学出版社,2011.

［5］ 慕灿. CAD/CAM 数控编程项目教程(UG 版)［M］. 北京:北京大学出版社,2010.

［6］ 齐从谦，甘屹. UG NX 5 中文版 CAD/CAE/CAM 实用教程［M］. 北京:机械工业出版社,2008.

［7］ 杨世平，戴立玲. 工程制图习题集［M］. 北京:中国林业出版社;北京大学出版社,2006.

［8］ 展迪优. UG NX 8.0 机械设计教程［M］. 北京:机械工业出版社,2012.